通信电源
实用运维检修技术

徐婧劼　郭劲松　等　编著

U0238126

中国水利水电出版社
www.waterpub.com.cn
·北京·

内 容 提 要

本书通过对通信电源系统的参数分析，强化通信电源的可靠性、可用性，对通信电源系统进行更加有效的管理，真正构建通信系统的强大"心脏"，并将现场应用和工程参数设计应用相结合，力求做到实践和理论的统一。未来，以良好的供电系统积极改善供电质量，优化设备设置，建立强大通信系统，防止电网污染和对供用电系统造成的危害。

本书适合从事通信电源运行维护、设计、管理的工程技术人员，也可以作为相关专业人员学习与工作参考书。读者可以以此为阶梯，系统、全面地掌握通信电源技术的故障排查、工程细节和最新应用技术。

图书在版编目（CIP）数据

通信电源实用运维检修技术 / 徐婧劼等编著. -- 北京：中国水利水电出版社，2022.6
ISBN 978-7-5226-0716-0

Ⅰ. ①通… Ⅱ. ①徐… Ⅲ. ①通信设备－电源－维修
Ⅳ. ①TN86

中国版本图书馆CIP数据核字(2022)第086780号

书　　名	**通信电源实用运维检修技术** TONGXIN DIANYUAN SHIYONG YUNWEI JIANXIU JISHU	
作　　者	徐婧劼　郭劲松　等 编著	
出版发行	中国水利水电出版社 （北京市海淀区玉渊潭南路 1 号 D 座　100038） 网址：www.waterpub.com.cn E-mail：sales@mwr.gov.cn 电话：(010) 68545888（营销中心）	
经　　售	北京科水图书销售有限公司 电话：(010) 68545874、63202643 全国各地新华书店和相关出版物销售网点	
排　　版	中国水利水电出版社微机排版中心	
印　　刷	天津嘉恒印务有限公司	
规　　格	184mm×260mm　16 开本　8.5 印张　207 千字	
版　　次	2022 年 6 月第 1 版　2022 年 6 月第 1 次印刷	
定　　价	**72.00** 元	

编　委　会

前　言

随着电力通信技术和新型电力系统的构建，各类信息通信设备需要用良好的供电系统来保证其传输设备、交换设备、数据通信网设备、场地设备及其变电辅助设备的安全稳定运行。为保证电源质量，各类机房的独立通信电源系统因其稳定的直流特性、易于并联、组网方便、正极接地不易受腐蚀等特点，已从最初的提供后备电源这一简单功能，发展到今天在改善供电质量、自成体系、防止电网污染和对供用电系统造成危害等方面起到了很重要的作用。

如果通信电源不能正常运行或者工作状态不佳，轻则可使通信质量下降，重则导致通信系统瘫痪，造成重大经济损失。因此，掌握通信电源的运维检修技术，加强现场的处置操作能力，是通信专业人才培养的迫切需求。

同时，伴随着通信电源的技术原理和理论参数对现场工作指导意义的不断提升，通过对通信电源系统的参数分析，能够强化通信电源的可靠性、可用性，对通信电源系统进行更加有效的管理，真正构建通信系统的强大"心脏"。

本书以通信电源运维检修技术为核心，注重针对性和实用性，将现场应用和工程参数设计应用相结合，力求做到实践和理论的统一，使得从事通信电源运行维护、设计、管理的工程技术人员都能够从中获益，系统、全面地掌握通信电源技术的故障排查、工程细节和最新应用技术。

由于编者水平有限且时间仓促，书中难免存在疏漏之处，恳请各位读者指正。

作　者

目　录

第 1 章　通 信 电 源 概 述

1.1　通信电源的重要地位

通信电源是为通信设备提供直流电能或交流电能的电源装置，是任何通信系统赖以正常运行的重要组成部分。通信电源不仅取决于通信系统中各种通信设备的性能和质量，而且与通信电源系统供电的质量密切相关。如果通信电源系统供电质量不符合相关技术指示的要求，将会引起电话串音、杂音，通信质量下降，误码率增加，造成通信的延误或差错。可以说通信电源是通信系统的"心脏"，它在通信网上处于极为重要的位置。电源工作人员应全面掌握电源设备的基本性能、工作原理和运用方法，做好电源设备的维护工作。

通信电源主要由交流供电系统、直流供电系统和接地系统组成。

作为通信系统的"心脏"，通信电源包含的内容非常广泛，不仅包含 48V 直流组合通信电源系统，还包括 DC - DC 二次模块电源、UPS 不间断电源和通信用蓄电池等。通信电源的核心基本一致，都是以功率电子为基础，通过稳定的控制环设计，再加上必要的外部监控，最终实现能量的转换和过程的监控。通信设备需要电源设备提供直流电能，电源的安全、可靠是保证通信系统正常运行的重要条件。

通信电源可以为通信设备提供充足的电能，保证通信设备的安全、高效。开关电源的发展比较漫长，经历了多次的科技飞跃，分别跨越了线性电源阶段、相控电源阶段。高频开关整流电源可以对市电进行整流，在高频开关的转换下，可以获得高频交流电，在整流滤波的作用下，可以得到直流电，这个变换过程是一次电源。开关电源转换的效率比较高，具有较大的功率密度，重量更轻，因此，逐步替代了线性电源、相控电源，成为通信电源中的重要部分。在未来的发展中，通信电源将会朝着高效率、小型化发展。在通信设备内部，很多电路芯片需要用到直流电源，这就是人们所说的二次电源。未来，不管是一次电源还是二次电源，都追求一种系统的安全性和稳定性，逐渐提高电能的利用效率，达到降低损耗的目标。

通信电源设备的更新。新型电磁材料的纷纷涌现加快了设备更新的速度，有效地改善了通信电源的性能。包括增加通信电源的稳定性和通信电源的安全性，以及提高了电能利用率和降低系统损耗。

现行通信电源电路模型控制技术的应用。目前，通信电源变化电路的主要方式就是双单端电路，它在一定程度上克服了半桥和全桥电路的缺陷，发挥了它们的优势。通常来说，双单端和半桥电路经常性地应用在小功率场合，而全桥电路更多地应用在大功率的场合。

1.1.1　通信设备对通信电源的技术要求

由于通信设备是利用计算机控制的设备，数字元件电路工作速度高，对瞬变和杂音电压十分敏感，因此对供电质量要求很高。

（1）电压波动、杂音电压及瞬变电压应小于允许范围。通信设备的高精度、高数据传输率对通信电源提供的输出电压质量要求非常高，输出质量用稳压精度、纹波系数、杂音电压等一系列参数来表示。这些指标都应低于允许值，否则轻则影响通信设备的正常数据传输，重则导致通信中断或损毁通信设备。

（2）电磁兼容性要求高。1998 年，原信息产业部发布 YD/T 983—1998《电信电源设备电磁兼容性限值及测量方法》等有关 EMC/EMI 相关标准。在 YD/T 731—2008《通信用高频开关整流器》上也增加了此要求。

（3）电源不允许瞬变中断。一般的通信设备发生故障影响面较小，是局部性的。如果电源系统发生直流供电中断故障，则影响几乎是灾难性的，往往会造成整个电信局、通信枢纽的全部通信中断。对于数字通信设备，电源电压即使有瞬间的中断也不允许。因为在数字程控交换局中，信息存在存储单元中，虽然重要的存储单元都是双重设置的，但是假如电源中断，两套并行工作的存储器同时丢失信息，则信息需从磁带、软盘等重新输入程序软件，通信将长时间中断。因此，通信电源系统要在各个环节多重备份，保证供电可靠。这就要求有"多路、多种、多套"（简称"三多"）的备用电源。在暂时还没有条件达到"三多"配置的地方，至少应有后备电池，旨在任何情况下都不允许输出有任何中断或停电的故障发生。现今通信设备已经非常先进，数据传输速率也非常高，任何因通信电源输出中断而引起的通信传输中断，都会带来巨大的经济损失，因此在任何情况下均必须保证通信设备不发生故障停电或瞬间中断。可靠性要求是通信设备对通信电源最基本的要求。

（4）供电设备自动工作性能好，尽量做到少维护。随着大功率电子器件、微电脑控制技术的发展，通信电源由早期的相控电源发展到目前的高频开关电源，并具有大功率小体积、智能化程度高，便于运行管理和故障维护等特点。现代电信运维体制要求动力机房的维护工作通过远程监测与控制来完成。这就要求电源自身具有监控功能，并配有标准接通信接口，以便与后台计算机或与远程维护中心通过传输网络进行通信，交换数据，实现集中监控，从而提高维护的及时性，减小维护工作量和人力投入，提高维护工作的效率。

（5）转换效率要求高。早期相控电源的效率仅为 70%，大量的能耗都转化了热量，既浪费了能源，又造成设备的故障率较高。现如今，通信设备的高频开关技术、零电压及零电流切换技术等都降低了整流模块自身的损耗，提高了转换效率（可达到 90% 以上）。效率的提高不仅可以节省能源，更重要的是效率的提高意味着故障率的降低。

（6）自动化、智能化要求高。要求电源能进行电池自动管理、故障自诊断、故障自动报警等，自备发电机应能自动开启和自动关闭。

（7）电源设备要求小型化。现在各种通信设备日益集成化、小型化，这就要求电源设备也应相应地小型化，作为后备电源的蓄电池也应向免维护、全密封、小型化方面发展，以便将电源、蓄电池随小型通信设备布置在同一个机房，而不需要专门的电池室。

（8）供电方式分散化。相应于电源小型化，供电方式应尽可能实行各机房分散供电，设备特别集中时才采用电力室集中供电，大型的高层通信大楼可采用分层供电（即分层集中供电）。

集中供电和分散供电各有优缺点，见表1-1，因此应根据条件的不同斟酌选用。图1-1、图1-2分别为分散、集中供电系统示意图。

表1-1　　　　　　　　　　　　供电方式比较

供电方式	集 中 供 电	分 散 供 电
含义	综合楼所有开关电源、UPS设备集中安装在某一楼层大型电力机房，大型电池室	综合楼电力机房分散设置在各个楼层或专业机房，开关电源、UPS分楼层安装
优点	电源设备维护方便	电源设备故障影响范围小，不跨楼层供电，节省电缆，线路损耗小，安全性高
缺点	电源设备故障影响范围大，跨楼层输出电缆多，输送距离远，线路压降损耗大	电源设备分散

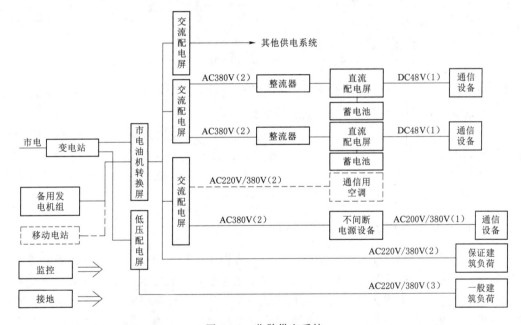

图1-1　分散供电系统

（1）不允许断电；（2）允许短时间断电；（3）允许较长时间断电

1）对于集中供电，电力室的配置包括交流配电设备、整流器、直流配电设备、蓄电池。各机房从电力室直接获得直流电压和其他设备、仪表所使用的交流电压。这种配置有它的优点，如集中电源于一室，便于专人管理；蓄电池不会污染机房等。但它有一个致命的缺点，即浪费电能、传输损耗大、线缆投资大。因为直流配电后的大容量直流电流由电力室传输到各机房，传输线的微小电阻也会造成很大的压降和功率损耗。

2）对于分散供电，电力室成为单纯交流配电的部分，而将整流器、直流配电和蓄电池组分散装于各机房内，这样，将整流器、直流配电、电池化整为零，使它们能够小型化

3

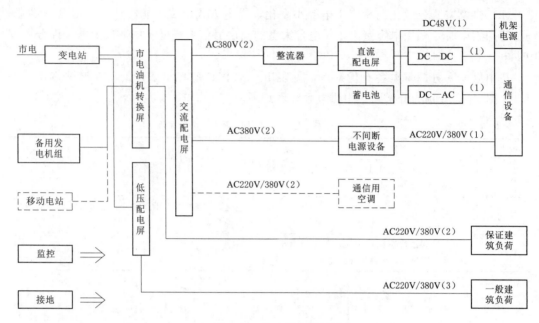

图 1-2　集中供电系统

(1) 不允许断电；(2) 允许短时间断电；(3) 允许较长时间断电

及相对的小容量。但先决条件是蓄电池必须是全密封型的，以免腐蚀性物质挥发而污染环境、损坏设备（现行的全密封型的电池已经能达到要求）。

分散供电最大的优点是节能。因为从配电电力室到机房的传输线上，原来传输的是 48V 直流电流现在变为传输 380V 的交流电流。计算表明，在传输相同功率的情况下，380V 交流电流要比 48V 的直流电流小得多，在传输线上的压降造成的功率损耗只有集中供电的 1/64～1/49。

1.1.2　通信设备对整流模块的技术要求

提高安全系数，模块化有两方面的含义：一是指功率器件的模块化；二是指电源单元的模块化。实际上，频率的不断提高致使引线寄生电感、寄生电容的影响愈加严重，对器件造成更大的应力（表现为过电压、过电流毛刺）。为了提高系统的可靠性，把相关的部分做成模块，把开关器件的驱动、保护电路也装到功率模块中去，构成了"智能化"功率模块（IPM），既缩小了整机的体积，又方便了整机设计和制造。

(1) 杂音要求。为了满足多种杂音要求，必须采用多相整流。开关型整流器本身是一个干扰源，也是一个电子设备，故必须具有抗外界干扰的能力，也应限制其对环境的电噪声。

(2) 稳压精度要求。各通信设备的电压稳定精度应达 ±1%。

(3) 可靠性要求。整流器的可靠性主要由控制电路可靠性决定。

(4) 稳压限流性能要求。在整流器稳定工作时，负荷电流有时会大于整流器的额定电流，此时应设法降低整流器的输出电压，满足直流输出功率不超过额定值的需要，即具有限流的功能。

（5）均分特性要求。在通信供电系统中，都是多台整流器并联工作，因此要求各台整流器负荷均分，否则会影响并联使用特性。

（6）软启动功能要求。软启动方式分为电压软启动和电流软启动，以及两者兼之。电压软启动是控制整流器的输出电压，使其从零逐渐增加到额定值。电流软启动是指其到达各负载的时间不同。设置软启动的目的是防止开机输出电流的冲击，以减少对交流电源的影响。

（7）检测、监控和保护要求。整流器必须设有输入电压电流及输出电压电流检测电路。一旦运行异常，能启动告警保护电路，必要时使整流器关机。整流器浮充和均衡应随需要转换，故需要电池监控装置，通过蓄电池的端电压或电流检测误差信号，使整流器自动完成浮充或均充工作的切换。

（8）扩容要求。多个独立的模块单元并联工作，采用均流技术，所有模块共同分担负载电流，一旦其中某个模块失效，其他模块再平均分担负载电流。这样，不但提高了功率容量，在器件容量有限的情况下满足了大电流输出的要求，而且通过增加相对整个系统来说功率很小的冗余电源模块，便极大地提高了系统可靠性，即使出现单模块故障，也不会影响系统的正常工作，而且为修复提供了充分的时间。现代电信要求高频开关电源采用分立式的模块结构，以便于不断扩容、分段投资，并降低备份成本。不能像习惯上采用的 1+1 的全备用（备份了 100% 的负载电流），而是要根据容量选择模块数 N，配置 $N+1$ 个模块（即只备份了 $1/N$ 的负载电流）即可。

除此以外，整流模块应是一个智能设备，具有完善的自动控制性能。

1.1.3　通信设备对蓄电池的要求

通信设备供电系统目前均采用蓄电池，以保证不间断供电的需要，具体要求为：

（1）具有防酸、防爆性能。

（2）使用容量大、大电流放电性能好。

（3）采用低压限流充电技术。

（4）少维护或免维护。

1.2　通信电源的发展历程

1.2.1　国外开关电源的发展

1955 年，美国科学家罗耶（G H Roger）发明自激振荡推挽晶体管单变压器直流变换器，它是实现高频转换控制电路的开端。

1957 年，美国科学家查赛（Jen Sen）发明了自激振荡推挽晶体管双变压器。

1964 年，美国科学家提出取消工频变压器的串联开关电源的设想，这为电源向体积小、重量轻的方向指明了一条根本途径。

1969 年，由于大功率硅晶体管的耐压提高，二极管反向恢复时间的缩短等元器件器质的改善，终于做出 25kHz 的开关电源，在世界上引起强烈反响，使高频开关电源成为研究的热点之一。

1976 年，美国硅通公司第一个做出了 SG1524 单片集成的控制芯片——脉宽调制器。它除了使电源小型化之外，还大大提高了高频开关的可靠性。

20 世纪 80 年代初，英国研制了完整的 48V 成套电源（一个机架内配置），包括 1.5kW 整流单元 5 个、气密型铅酸蓄电池、利用 8085CPU 组成的计算机监控系统、500W DC—DC 变换器等。

1.2.2　国内开关电源的发展

1963 年，我国开始研制可控整流器，1965 年开始研制逆变器和晶体管 DC—DC 变换器，当时与发达国家相比落后五六年，此后的研究工作停滞不前，我国的开关电源技术日趋落后。20 世纪 80 年代后期，为了能尽快缩短与外国的差距，我国通信电源的研制采取了先引进，然后合资生产，最后自主研制的方法。当时我国广州的珠江电信设备制造公司和挪威的易达（Eltek）集团公司合营，引进 Eltek 公司的技术，开发出 48V 成套高频开关电源，随后武汉洲际通信电源有限公司、华为电气等厂家开发出自己的高频开关电源，已经做到功能齐全、质量稳定，并能实现全智能、无人值守，功能上基本接近国际水平的产品。

20 世纪 90 年代，软开关 PWM（脉宽调制）控制技术促成了高频开关电源的又一次飞跃。PWM 控制技术最大的特点就是简化了电路结构，提高了输入端的功率因数。

随着工作频率的提高，开关损耗不可避免地大大增加。软开关技术的出现将开关损耗几乎降为零。零电压变换、零电流变换、谐振变换、准谐振变换和移相谐振变换等软开关技术使高频开关电源在保持高效率的前提下工作频率越来越高，带来巨大的经济效益。20 世纪 90 年代，高频开关电源的工作频率已提高至 500kHz～1MHz。

21 世纪随着数字电路技术、计算机控制技术的发展及其在电力电子技术上的应用，高频开关电源进入数字电源时代，且发展迅猛。数字化电源从功能上定义为数字化控制的电源产品，提供控制、管理和检测功能，可以对整个电源回路进行控制。集成化程度更高，功率密度更大，进一步缩小了开关电源体积，提高了稳定性。后来又相继出现了高效模块、模块休眠、削峰填谷等技术的研发与应用。

1.3　开关电源基础

1.3.1　直流稳压电源

交流电经过整流，可以得到直流电。但是，由于交流电压及负载电流的变化，整流后得到的直流电压通常会造成 20％～40％ 的电压变化。为了得到稳定的直流电压，必须采用稳压电路来实现稳压。按照实现方法的不同，稳压电源可分为三种：线性稳压电源、相控稳压电源、开关稳压电源。

1. 线性稳压电源

线性稳压电源通常包括调整管、比较放大部分（误差放大器）、反馈采样部分以及基

准电压部分，它的典型原理框图如图 1-3
所示。调整管与负载串联分压（分担输入
电压 U_i），因此只要将它们之间的分压比随
时调节到适当值，就能保证输出电压不变。

这个调节过程是通过一个反馈控制过
程来实现的。反馈采样部分监测输出电压，
然后通过比较放大器与基准电压进行比较
判断，即将输出电压偏差放大去控制调整

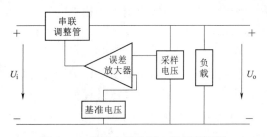

图 1-3 线性串联稳压电源原理框图

管，如果输出电压偏高，则将调整管上的压降调高，使负载的分压减小；如果输出电压偏
低，则将调整管上的压降调低，使负载的分压增大，从而实现输出稳压。

线性稳压电源的线路简单、干扰小，对输入电压和负载变化的响应非常快，稳压性能
非常好。

但是，线性稳压电源功率调整管始终工作在线性放大区，调整管上功率损耗很大，导
致线性稳压电源效率较低，只有 20%～40%，发热损耗严重，所需的散热器体积大，重量
重，因而功率体积系数只有 20～30W/dm³；另外，线性稳压电源对电网电压大范围变化
的适应性较差，输出电压保持时间仅有 5ms。因此，线性稳压电源主要用在小功率、对稳
压精度要求很高的场合，如一些为通信设备内部的集成电路供电的辅助电源等。

线性稳压电源的动态响应非常快、稳压性能好，只可惜功率转换效率太低。要提高效
率，就必须使功率调整器件处于开关工作状态，电路相应地稍加变化即成为开关型稳压电
源。调整管作为开关而言，导通时（压降小）几乎不消耗能量，关断时漏电流很小，也几
乎不消耗能量，从而大大提高了转换效率，其功率转换效率可达 80%以上。

在图 1-4 中，波动的直流电压 U_i 输入高频变换器（即为开关管 VQ 和二极管
VD），经高频变换器转变为高频（≥20kHz）脉冲方波电压，该脉冲方波电压通过滤波
器（电感 L 和电容 C）变成平滑的直流电压供给负载。高频变换器和输出滤波器一起构
成主回路，完成能量处理任务。而稳定输出电压的任务靠控制回路对主回路的控制作用
来实现。控制回路包括采样部分、基准电压部分、比较放大器（误差放大器）、脉冲/电
压转换器等。

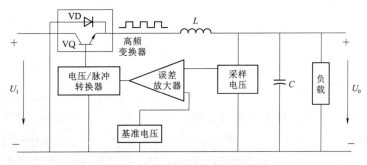

图 1-4 降压型开关电源原理图

2. 相控稳压电源

传统的相控稳压电源是将市电直接经过整流滤波提供直流，由改变晶闸管的导通相位

角来控制整流器的输出电压。相控电源所用的变压器是工频变压器，体积庞大，所以，相控稳压电源体积大、效率低、功率因数低，严重污染电网，已逐渐被淘汰。

3. 开关稳压电源

开关稳压电源稳定输出电压的原理可以直观地理解为是通过控制滤波电容的充、放电时间来实现的。具体的稳压过程如下：

当开关稳压电源的负载电流增大或输入电压 U_i 降低时，输出电压 U_o 轻微下降，控制回路就使高频变换器输出的脉冲方波的宽度变宽，即给电容多充点电（充电时间加长）、少放点电（放电时间减短），从而使电容 C 上的电压（即输出电压）回升，起到稳定输出电压的作用。反之，当外界因素引起输出电压偏高时，控制电路使高频变换器输出脉冲方波的宽度变窄，即给电容少充点电，从而使电容 C 上的电压回落，稳定输出电压。

开关稳压电源和线性稳压电源相比，功率转换效率高，可达65%～90%，发热少，体积小、重量轻，功率体积系数可达 $60～100W/dm^3$，对电网电压大范围变化具有很强的适应性，电压、负载稳定度高，输出电压保持时间长达20ms。但是线路复杂，电磁干扰和射频干扰大。开关稳压电源与线性稳压电源主要性能比较见表1-2。

表1-2　　　　　　　　　开关稳压电源与线性稳压电源主要性能比较

项　　目	开关稳压电源	线性稳压电源
功率转换效率	65%～95%	20%～40%
发热（损耗）	小	大
体积	小	大
功率体积系数	$60～100W/dm^3$	$20～30W/dm^3$
重量	轻	重
功率重量系数	$60～150W/kg$	$22～30W/kg$
对电网变化的适应性	强	弱
输出电压保持时间	长（20ms）	短（5ms）
电路	复杂	简单
射频干扰和电磁干扰（RFI和EMI）	大	小
纹波	大（10mV）P-P	小（5mV）P-P
动态响应	稍差（2ms）	好（100s）
电压、负载稳定度	高	低

和相控稳压电源相比，开关电源不需要工频变压器，工作频率高，所需的滤波电容、电感小，因而体积小，重量轻，动态响应速度快。开关电源的开关频率都在20kHz以上，超出人耳的听觉范围，没有令人心烦的噪声。开关电源可以采用有效的功率因数校正技术，使功率因数达0.9以上，高的甚至达到0.99（安圣HD4850整流模块）。以上优点使得开关电源的性能几乎全面超过相控稳压电源，在通信电源领域已大量取代相控稳压电源。

开关稳压电源的线路复杂，这种电路问世之初，其控制线路都是由分立元件或运算放大器等集成电路组成。由于元件多、线路复杂以及随之而来的可靠性差等原因，严重影响了开关稳压电源的广泛应用。

开关稳压电源的发展依赖于元器件和磁性材料的发展。20世纪70年代后期，随着半导体技术的高度发展，高反压快速功率开关管使无工频变压器的开关稳压电源迅速实用化。而集成电路的迅速发展为开关稳压电源控制电路的集成化奠定了基础。陆续涌现出的开关稳压电源专用的脉冲调制电路如SG3526和TL494等为开关稳压电源提供了成本低、性能优良可靠、使用方便的集成控制电路芯片，从而使得开关稳压电源的电路由复杂变为简单。目前，开关稳压电源的输出纹波已可达100mV以下，射频干扰和电磁干扰也被抑制到很低的水平上。总之，随着技术的发展，开关稳压电源的缺点正逐步被克服，其优点也得以充分发挥。尤其在当前能源比较紧张的情况下，开关稳压电源的高效率能够在节能上做出很大的贡献。均流技术使开关稳压电源可以通过多模块并联组成前所未有的大电流系统和提高系统的可靠性；开关线路的发展使开关稳压电源的频率不断提高的同时效率亦提高，并且使每个模块的变换功率也不断增大；功率因数校正技术有效地提高了开关稳压电源的功率因数。在这环保意识不断加强的时代，这是它形成主导地位的关键；智能化给维护工作带来了极大的方便，提高了维护质量，使它备受人们的青睐。正因为开关稳压电源具有这些优点，它得到了蓬勃的发展。

1.3.2 高频开关电源的基本原理

通信电源的功率较大，所采用的开关稳压电源一般都是他激式的，这里只介绍他激式开关电源的结构和原理。

开关电源基本电路原理图如图1-5所示。

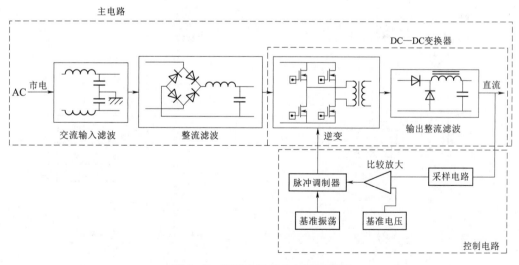

图1-5 开关电源基本电路原理图

开关电源的基本电路包括两部分：一是主电路，是指从交流电网输入到直流输出的全过程，它完成功率转换任务；二是控制电路，通过为主电路变换器提供的激励信号控制主电路工作，实现稳压。

1. 主电路

（1）交流输入滤波。其作用是将电网中的尖峰等杂波过滤，给本机提供良好的交流电，另外也防止本机产生的尖峰等杂音回馈到公共电网中。

（2）整流滤波。将电网交流电直接整流为较平滑的直流电，以供下一级变换。

（3）逆变。将整流后的直流电变为高频交流电，尽量提高频率，以利于用较小的电容、电感滤波（减小体积、提高稳压精度），同时也有利于提高动态响应速度。其频率最终受到元器件、干扰、功耗以及成本的限制。

（4）输出整流滤波。是根据负载需要，提供稳定可靠的直流电。

其中逆变将直流电变成高频交流电，输出整流滤波再将交流电变成所希望的直流电，从而完成从一种直流电压到另一种直流电压的转换，因此也可以将这两个部分合称DC—DC变换（直流—直流变换）。

2. 控制电路

从输出端采样，经与设定标准（基准电源的电压）进行比较，然后去控制逆变器，改变其脉宽或频率，从而控制滤波电容的充放电时间，最终达到输出稳定电压的目的。

1.3.3 安圣 HD 系列高频开关整流器原理

为了保证长期稳定运行和满足特定应用场合的要求，实际电源产品还有许多专用电路、保护电路等。

安圣 HD 系列高频开关整流器的典型原理框图如图 1-6 所示。它主要由输入电网滤波器、输出整流滤波器，控制电路，保护电路，辅助电源等几部分组成。

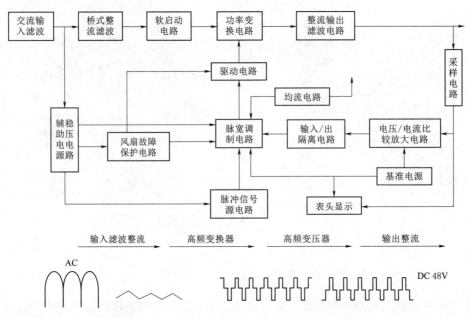

图 1-6 安圣 HD 系列高频开关整流器的典型原理框图

安圣 HD 系列高频开关的主电路主要由交流输入滤波器、整流滤波电路、DC—DC 变换电路、次级滤波电路组成，完成功率变换。

（1）典型主电路。如图 1－7 所示，交流输入电压经电网滤波、整流滤波得到直流电压，通过高频变换器将直流电压变换成高频交流电压，再经高频变压器隔离变换，输出高频交流电压，最后经过输出整流滤波电路，将变换器输出的高频交流电压整流滤波得到需要的直流电压。

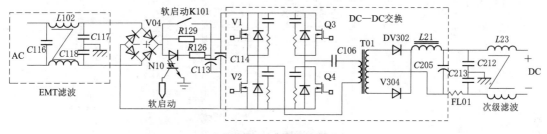

图 1－7　典型主电路

控制电路：由采样电路、基准电源、电压/电流比较放大、输入输出隔离、脉宽调制电路、脉冲信号源电路、驱动电路及均流电路等组成电压环、电流环双环控制电路。

除此之外，还有一些辅助电路：辅助电源电路、风扇故障保护电路、表头显示电路及其他一些提高系统可靠性的保护电路。下面分块介绍电路及其工作原理。

（2）交流输入滤波及桥式整流滤波电路。电容 $C116$、$C117$、$C118$，共模电感 $L102$ 构成电磁干扰（electromagnetic interference，EMI）滤波器，其作用是：一方面抑制电网上的电磁干扰；另一方面抑制开关电源本身产生的电磁干扰，以保证电网不受污染。即它的作用就是滤除电磁干扰，因此常称作 EMI 滤波器。

单相/三相市电经滤波后，再经全桥整流滤波，得到 300V/500V 左右的高压直流电压送入功率变换电路。

（3）功率变换电路（DC—DC 变换电路）。300V/500V 高压直流电送入功率变换器，功率变换器首先将高压直流电转变为高频交流脉冲电压或脉动直流电，再经高频变压器降压，最后经输出整流滤波得到所需的低压直流电。

（4）次级滤波电路。由于 DC—DC 全桥变换器输出的直流电压仍含有高频杂音，需进一步滤波才能满足要求。为此在 DC—DC 变换器之后，又加了共模滤波器。

由高频电容 $C212$、$C213$ 及电流补偿式电感 $L23$ 组成的共模滤波器的直流阻抗很低，但对高频杂音有很强的抑制作用，使输出电压的高频杂音峰—峰值降到 200mV 以下。

1.4　通信电源的典型结构

1.4.1　通信电源系统组成

通信电源系统由交流配电单元、直流配电单元、整流模块及监控模块组成。交流配电单元位于机柜下部，直流配电单元位于机柜上部。整流模块型号为 R48—1800A，监控模块型号为 M500D。以 PS48300/1800—X1 系统为例，其内部结构示意图如图 1-8 所示。

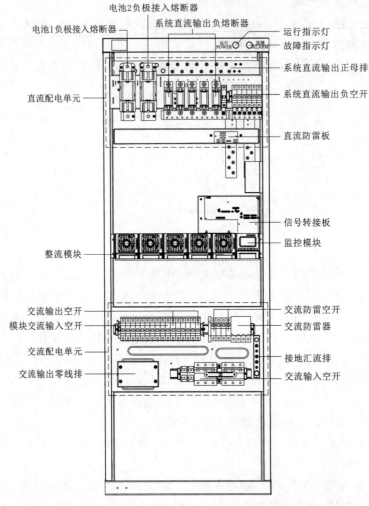

图 1-8 PS48300/1800—X1 系统内部结构示意图

1.4.2 通信电源主要特点

（1）整流模块采用有源功率因数补偿技术，功率因数值达 0.99。

（2）交流输入电压正常工作范围宽至 85～300V。

（3）整流模块采用全面软开关技术，额定效率高达 91% 以上，系统效率高达 88% 以上。

（4）整流模块超低辐射，采用先进的电磁兼容设计，整流模块能够满足 CE、NEBS、YD/T 983 等国内外标准要求。整流模块的传导和辐射均能达到 B 级的要求。

（5）整流模块安全规范设计符合 UL、CE、NEBS 标准。

（6）模块功率密度高。

（7）整流模块采用无损伤热插拔技术，即插即用，更换时间小于 1min。

（8）整流模块有输出过压硬件保护和输出过压软件保护。过压软件保护方式有两种选择：一次过压锁死模式；二次过压锁死模式。

（9）有完善的电池管理。有电池低电压保护功能和负载下电功能，能实现温度补偿、自动调压、无级限流、电池容量计算、在线电池测试等功能。

（10）可记录 200 条历史告警记录；可记录 10 组电池测试数据。

（11）网络化设计，提供一路 RS-232 接口、Modem、干接点等多种通信接口，组网灵活，可实现远程监控，无人值守。

（12）具有完善的交、直流侧防雷设计。

（13）具有完备的故障保护、故障告警功能。

1.4.3　通信电源工作原理

市电经交流配电分路进入整流模块，经各整流模块整流得到的 -48V 直流电通过汇接进入直流配电，分多路提供给通信设备使用。正常情况下，系统运行在并联浮充状态，即整流模块、负载、蓄电池并联工作；整流模块除了给通信设备供电外，还为蓄电池提供浮充电流。当市电断电时，整流模块停止工作，由蓄电池给通信设备供电，维持通信设备的正常工作；市电恢复后，整流模块重新给通信设备供电，并对蓄电池进行充电，补充消耗的电量。

监控模块采用集中监控的方式对交流配电、直流配电进行管理，同时通过 CAN 通信的方式接收整流模块的运行信息并进行相应的控制。监控模块还可通过 RS-232 方式连接本地计算机，并可通过 Modem 或其他传输资源（如公务信道等）连接监控中心，实现电源系统的集中监控组网。

PS48300/1800 电源系统详细的原理图如图 1-9～图 1-11 所示。

1.4.4　通信电源主要功能

PS48300/1800 智能高频开关电源系统具有防雷、交流输入过压保护、负载下电（LLVD）和电池低电压保护（BLVD）、故障告警及保护、多路多规格直流输出、监控及"四遥"功能。其中，"多路、多规格直流输出"由直流配电实现，将在交直流配电部分详细说明；"监控及'四遥'功能"由监控模块 M500D 实现，将在监控模块部分详细说明。

1. 防雷

PS48300/1800 系列智能高频开关电源系统具有完善的交、直流侧防雷措施。交流防雷系统如图 1-12 所示。其中，Ⅰ、Ⅱ、Ⅲ级是 IEC 标准的分类方法；B、C、D 级是德国 VDE 标准的分类方法。

系统内部安装有Ⅱ/C 级防雷器，同时系统的每个模块内还设计有完善的防雷电路，整个系统可承受 $8/20\mu s$ 模拟雷电冲击电流 20kA，±5 次；$8/20\mu s$ 模拟雷电冲击电流 40kA，1 次。如要防止更高幅值的雷击对系统造成损坏，建议在机房进线处安装较高防护等级（Ⅰ/B 级）的防雷器（冲击通流容量至少为 60kA，详见通信行业标准 YD/T 5098—2001《通信局/站雷电过电压保护工程设计规范》）。

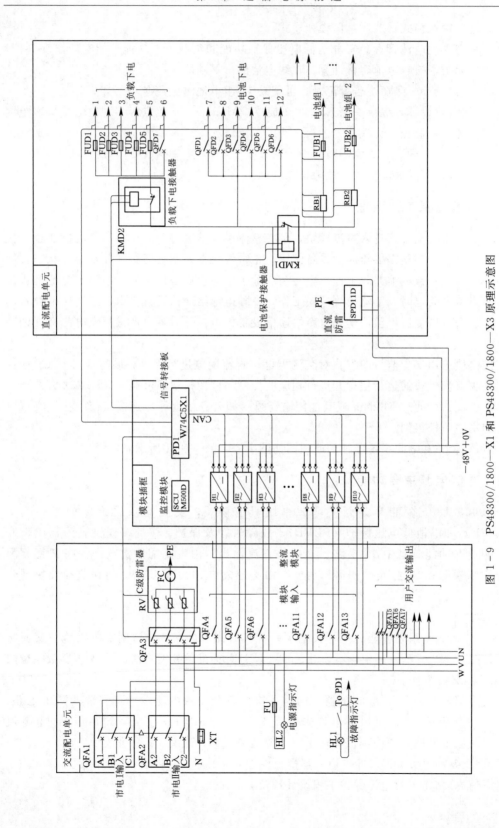

图 1 - 9 PS48300/1800—X1 和 PS48300/1800—X3 原理示意图

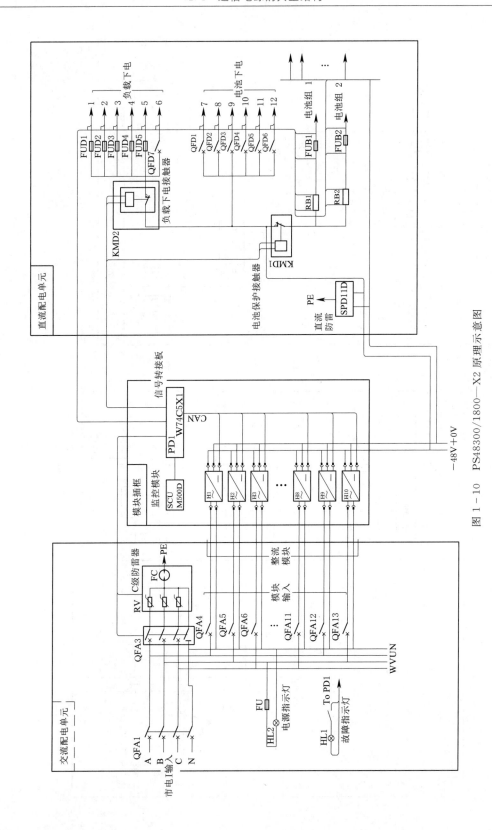

图 1－10 PS48300/1800—X2 原理示意图

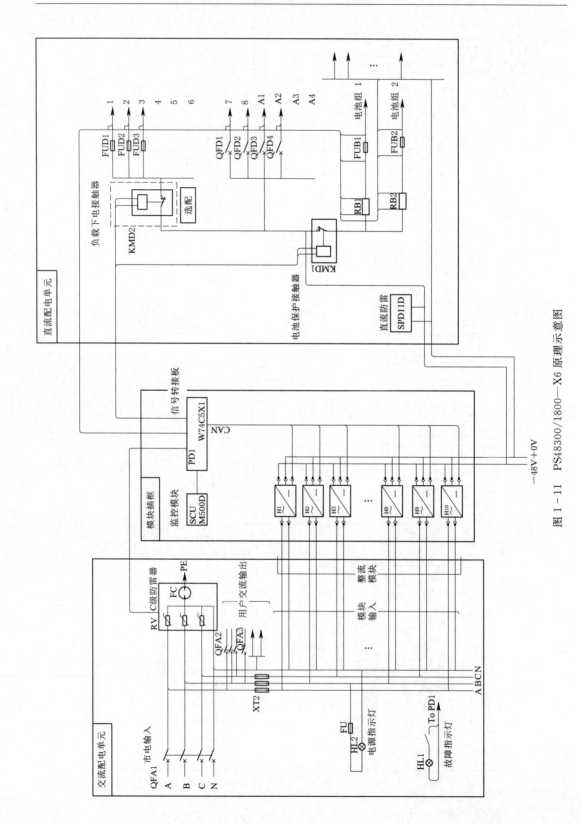

图 1 - 11 PS48300/1800—X6 原理示意图

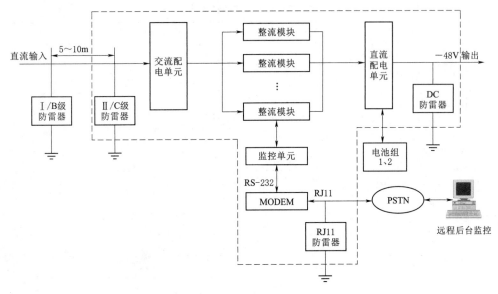

图 1-12　交流防雷系统示意图

为防止直流侧雷击造成设备损坏，PS48300/1800 系统亦采取了有效的直流侧防雷措施，可承受 8/20μs 模拟雷电冲击电流 10kA、1 次，为防止感应雷击造成监控模块 MODEM 信号口的损坏，PS48300/1800 系统还可以提供 MODEM 信号口防雷措施（供选配），可承受 8/20μs 5kA 冲击和 10/700μs 4kV 冲击。

2. 负载下电（LLVD）和电池低电压保护（BLVD）

当交流停电、整流模块无直流输出时，电池开始放电。当电压下降至欠压设定点 45.0V（可调）时，系统发出声光报警。当电池电压继续下降至负载下电动作点 44.0V（可调）时，负载下电接触器将断开，接在负载下电支路上的一般通信负载（如本地交换机）将被切断电源供应，重要负载（如传输设备）的供电从而可以延长。随着电池放电进程的继续，如果电池放电至终止电池保护动作点电压 43.2V（可调），电池保护接触器将断开，电池放电进程将终止，所有通信负载的供电都将被中止，从而可避免电池因过放而损坏。当交流来电且整流模块输出正常直流电压后，负载下电和电池接触器自动闭合，系统恢复正常工作。

负载下电和电池低电压保护等功能具有手动控制方式。

3. 故障告警及保护

PS48300/1800 电源系统具有完善的故障告警及保护功能。可通过监控模块实时采集系统的数据，检测负载输出熔丝、电池熔丝的状态以及 Ⅱ/C 级防雷器的状态等。可以根据用户要求，对交流输入和直流输出过、欠压告警，熔断器告警，系统的浮充和均充状态，整流模块故障和保护告警等系统故障灵活设置其告警级别，有选择地进行声光报警，同时灵活配置告警干节点指示的告警类型。

4. 技术参数

PS48300/1800 系统的技术参数见表 1-3。

表 1－3　　　　　　　　　　　　　**PS48300/1800 系统的技术参数**

参数类别	参数名称	参　　　数
环境条件	工作温度	－5～40℃
	储存温度	－40～70℃
	相对湿度	5％～95％RH
	海拔高度	≤2000m（超过需降额使用）
	其他	没有导电尘埃和腐蚀性气体，没有爆炸危险
交流输入	输入制式	三相五线制
	额定输入相电压	220V
	输入电压范围	AC85～300V
	输入交流电压频率	45～65Hz
	最大输入电流	≤40A（170V 输入）
	功率因数	≥0.99
直流输出	输出直流电压	DC42.2～57.6V
	输出直流电流	0～300A
	稳压精度	≤1％
	效率	≥88％
	峰峰值杂音电压	≤200mV（0～20MHz）
	电话衡重杂音电压	≤2mV（300～3400Hz）
	宽频杂音电压	≤100mV（3.4～150kHz）；≤30mV（150～30MHz）
	离散杂音	≤5mV（3.4～150kHz）；≤3mV（150～200kHz）；≤2mV（200～500kHz）；≤1mV（0.5～30MHz）
交流输入告警及保护	交流输入过压告警点	默认值 AC(280±5)V，监控模块可设
	交流输入过压告警恢复点	默认值 AC(270±5)V，低于交流输入过压告警点 AC10V
	交流输入欠压告警点	默认值 AC(180±5)V，监控模块可设
	交流输入欠压告警恢复点	默认值 AC(190±5)V，高于交流输入欠压告警点 AC10V
直流输出告警及保护	直流输出过压保护点	默认值 DC(59.0±0.2)V
	直流输出过压告警点	默认值 DC(58.5±0.2)V　监控模块可设
	直流输出过压告警恢复点	默认值 DC(58.0±0.2)V　低于过压告警点 DC0.5V
	直流输出欠压告警点	默认值 DC(45.0±0.2)V　监控模块可设
	直流输出欠压告警恢复点	默认值 DC(45.5±0.2)V　高于欠压告警点 DC0.5V
	负载下电动作点	默认值 DC(44.0±0.2)V　监控模块可设
	电池保护动作点	默认值 DC(43.2±0.2)V　监控模块可设
整流模块	均流特性	整流模块可以并机工作，并具有按负载均分负载能力，其不平衡度应优于±3％的输出额定电流值；测试电流范围为 10％～100％额定电流

参数类别	参数名称	参　　数
整流模块	输入限功率（45℃）	AC176V 输入，模块最大输出功率为 100%额定功率，即 1740W
		AC110V 输入，模块最大输出功率为 50%额定功率，即 1050W
		AC85V 输入，模块最大输出功率为 44.4%额定功率，即 800W
	过压保护方式	整流模块有输出过压硬件保护和输出过压软件保护，硬件过压保护点为 (59.5 ± 0.5)V 之间，硬件过压保护后需要人工干预才可以开机。软件保护点可以通过监控模块设置，设置范围为 56～59V（要求比输出电压高 0.5V 以上，出厂默认值为 59V）
		软件过压保护模式有两种，可以通过后台维护软件选择： (1) 一次过压锁死模式。当整流模块输出达到软件保护点后，整流模块关机并保持，需要人工干预方可恢复工作。 (2) 二次过压锁死模式。整流模块软件保护后，关机 5s 内重新开机，如果在设定时间内（默认为 5min，可以通过监控模块设置）发生第二次过压，整流模块则关机并保持，需要人工干预方可开机。人工干预方法：可以通过监控模块复位整流模块，也可以通过从电源系统上脱离整流模块来复位
	输出缓启功能	模块开机瞬间，输出电压可缓慢上升，上升时间可以设置
	风扇转速可设	模块的风扇转速可以设置成自动调节，也可以设置为全速
	温度限功率	环境温度 45℃以下，模块可以满功率 1740W 输出
		环境温度 45℃以上，模块输出采用线性限功率，其中：55℃环境温度，模块输出功率 1450W；65℃环境温度，模块输出功率 1160W；70℃环境温度，模块输出功率为 0
EMC 指标	传导发射	A 级，参考标准：EN55022
	辐射发射	
	EFT	4 级，参考标准：EN61000－4－4
	ESD	3 级，参考标准：EN61000－4－2
	浪涌	4 级，参考标准：EN61000－4－5
	辐射抗扰性	2 级，参考标准：EN61000－4－3
	传导抗扰性	2 级，参考标准：EN61000－4－6
抗雷击特性	交流侧抗雷击特性	交流输入侧能承受模拟雷电冲击电压波形为 $10/700\mu s$，幅值为 5kV 的正负极性冲击各 5 次；模拟雷电冲击电流波形为 $8/20\mu s$，幅值为 20kA 的正负极性冲击各 5 次，并可承受 $8/20\mu s$ 模拟雷电冲击电流 40kA、1 次。每次检验冲击间隔时间不小于 1min
	直流侧抗雷击特性	直流侧能承受模拟雷电冲击电流波形为 $8/20\mu s$，幅值为 10kA 的冲击 1 次
其他	安全规范	符合 EN60950 标准
	噪声	在周围环境温度为 25℃时，不大于 55dB(A)
	绝缘电阻	在温度处于 15～35℃，相对湿度不大于 90%RH 的环境中，施以试验直流电压 500V，交流电路和直流电路对地、交流部分对直流部分的绝缘电阻均不低于 10MΩ
	绝缘强度	测试时应临时取下防雷单元、监控模块以及整流模块，交流回路对直流回路应能承受 50Hz、有效值为 AC3000V 的交流电压后 1min，漏电流不大于 10mA，无击穿无飞弧现象

参数类别	参数名称	参　数	
其他	绝缘强度	交流回路对地应能承受 50Hz、有效值为 AC2500V 的交流电压后 1min，漏电流不大于 10mA，无击穿无飞弧现象。直流电路对地应能承受 50Hz、有效值为 AC1000V 的交流电压 1min，漏电流不大于 10mA，无击穿、无飞弧现象	
		不与主回路直接连接的辅助电路应能承受 50Hz、有效值为 AC500V 的交流电压 1min，漏电流不大于 10mA，无击穿无飞弧现象	
	MTBF	200000h	
	ROHS 要求	满足 RoHS 指令中 R5 的要求	
机械参数	尺寸	机柜	PS48300/1800—X1 及　PS48300/1800—X6：600mm（宽）×600mm（深）×1600mm（高）
			PS48300/1800—X2 及　PS48300/1800—X3：600mm（宽）×600mm（深）×2000mm（高）
		监控模块 M500D	87mm（高）×85mm（宽）×287mm（深）
		整流模块 R48—1800A	87.9mm（高）×85.3mm（宽）×272mm（深）
	重量	机柜（不包括整流模块和监控模块）	PS48300/1800—X1 及 PS48300/1800—X6 不大于 130kg
			PS48300/1800—X2 及 PS48300/1800—X3 不大于 150kg
		监控模块 M500D	0.76kg
		整流模块 R48—1800A	≤2.0kg

　　PS48300/1800 电源系统的工程参数见表 1-4。PS48300/1800 电源工程结构图如图 1-13 所示。

表 1-4　　　　　　　　　　**PS48300/1800 电源系统的工程参数**

连接件名称		连接件规格		接线说明
		容量	接线端子规格	
交流配电	交流输入空开①	1×100A/3P	3 个 H 型管型端子，最大线径 35mm²	交流电源的火线
	接地汇流排	M10 螺栓 1 个	最大线径 35mm²	接入到机房的接地排
	交流输入零线端子②	零线端子 2 个	最大线径 25mm²	交流电源的零线
	零线输入排	零线母排上 M6 螺钉 3 个		输出交流的零线端，供用户其他设备用
	用户交流输出空开③	1×16A/3P，3×16A/1P	9 个 H 型管型端子，最大线径 25mm²	输出交流的火线端，供用户其他设备用
直流配电	正母排	40×4		
	电池熔丝	2×250A NT1 FUSE		
	输出分路	12 路		

　① X2、X6 系统配有一个交流输入空开，空开类型为 C63/4P；X1、X3 系统配有两个交流输入空开。

　② X2、X6 系统无交流输入零线端子；X1、X3 系统配有两个交流输入零线端子。

　③ X2 系统无用户交流输出空开。

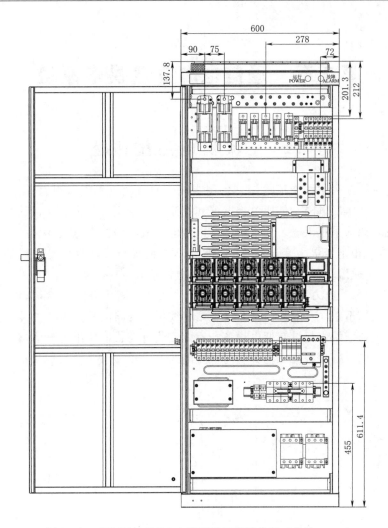

图 1-13 PS48300/1800 电源系统工程结构图（单位：mm）

第2章 通信电源交流供电系统

2.1 交流供电系统概述

　　交流供电系统是由主用交流电源、备用交流电源（油机发电机组）、高压开关柜、电力降压变压器、低压配电屏、低压电容器屏和交流调压稳压设备及连接馈线组成的供电总体。主用交流电源均采用市电。为了防备市电停电，采用油机发电机等设备作为备用交流电源。10kV高压市电经电力变压器（380V/220V）降低压后，再供给整流器、不间断电源设备（UPS）、通信设备、空调设备和建筑用电设备等。

　　如图2-1所示，电力系统通信部门的电源一般都由高压电网供给，为了提高供电可靠性，重要的通信枢纽局一般都由两个变电站专线引入两路高压电源：一路主用，另一路备用。电力系统通信站内都设有变电设备，室内安装有高、低压配电屏和降压变压器。使用这些变电、配电设备，将高压电源变为低压电源（三相380V），最终供给通信电源系统和其他设备。

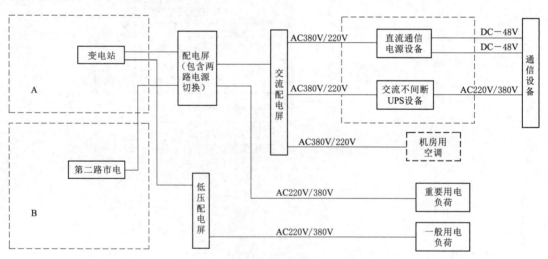

图2-1　交流供电系统接线示意图

2.2 交流供电系统组成

　　通信用交流供电系统一般是由市电电源、高低压变配电系统、备用发电机系统、不间断电源系统以及相应的电源馈线组成。市电作为主用交流电源，发电机组作为备用交流电源。

2.2.1 市电电源

市电电源系统由发电厂、变电站、电力线路及电力配电设备组成。

通信局（站）所需的交流电源宜利用市电作为主用电源。根据通信局（站）所在地区的市电供电条件、线路引入方式及运行状态，YD/T 5040—2005《通信电源设备安装工程设计规范》将市电分为四类。

1. 一类市电

一类市电供电是从两个可靠的独立电源各自引入一路供电线，两路电源不应同时出现检修停电的情况，平均每月停电次数不应大于 1 次，平均每次故障时间不应大于 0.5h。两路供电线宜配置备用市电自动投入装置。

2. 二类市电

二类市电供电应符合下列条件之一：

（1）由两个以上独立电源构成稳定可靠的环形网上引入一路供电线。

（2）由一个稳定可靠的独立电源或从稳定可靠的输电线上引入一路供电线。

二类市电供电允许有计划地检修停电，平均每月停电次数不应大于 3.5 次，平均每次故障时间不应大于 6h。

3. 三类市电

三类市电供电是从一个电源引入一路供电线，供电线路长、用户多，平均每月停电次数不应大于 4.5 次，平均每次故障时间不应大于 8h。

4. 四类市电

四类市电供电应符合下列条件之一：

（1）由一个电源引入一路供电线，经常昼夜停电，供电无保证。

（2）出现季节性长时间停电或无市电可用的情况。

2.2.2 高压供电系统

高压供电系统由市电电源、高压开关设备、变压器、直流操作电源及馈电线路组成。

1. 两路市电主、备用供电

当两路市电供电，一主一备运行时，主、备用电源的切换有以下 3 种方式：

（1）当主用市电停电时，备用电源自投；当主用市电恢复时，主用电源自复（同时兼有手动操作功能）。

（2）当主用市电停电时，备用电源自投；当主用市电恢复时，手动切除备用电源，主用电源再投入运行。

（3）当主用市电停电时，备用电源手动合闸；当主用市电恢复时，手动切除备用电源，主用电源再投入运行。

2. 两路市电分段供电

当两路市电分段供电、分负荷运行时，高压供电系统有以下两种运行方式：

（1）高压供电系统的两段母线间不设置母联开关，在低压供电系统两路市电供电的变压器间设母联开关。当其中一路市电停电时，母联开关合闸，由另一路市电保证重要负荷的用电。

（2）高压供电系统的两段母线间设置母联开关，当其中一路市电停电时，母联开关采用自动或手动合闸（首先要判断低压侧总负荷的情况），由另一路市电保证（重要）负荷的用电。

3. 市电电源与高压发电机组电源的转换

市电电源与高压发电机组电源的转换在高压供电系统上进行。转换形式可为两个断路器之间的转换，也可采用自动转换开关（ATS）进行转换，转换方式为自动或手动，两者之间的转换应具备机械和电气联锁功能，以确保设备、供电及人身安全。

2.2.3　低压供电系统

低压供电系统是由市电电源、低压开关设备、配电设备及馈电线路组成。

1. 设计原则

（1）首先应保证设备的供电质量及供电的可靠性。

（2）低压配电系统应根据工程总负荷容量、设备的用电性质及馈电分路要求综合考虑确定。

（3）系统接线应力求简单、灵活、操作安全、维护方便。

（4）系统及机房的设计应兼顾远期的发展。

2. 低压交流供电系统的切换

低压交流供电系统的切换应包括三部分：两路市电电源在一级低压供电系统上切换、市电供电电源与备用发电机组供电系统切换及通信用电力机房交流引入电源切换。

（1）两路市电电源在一级低压供电系统上切换的要求。

1）应具备电气联锁功能，确保设备、供电及人身安全。

2）两个变压器之间设置切换开关，当主用变压器停止供电时，备用变压器投入供电；在两段低压供电系统间设有母联开关，当一台变压器故障时，可通过母联开关将负荷切换至正常变压器上继续运行。应注意确保原分配在两台变压器上的负荷可由一台变压器承担，否则应舍弃部分非重要负荷。

（2）市电供电电源与备用发电机组供电系统切换的要求。

1）应具备机械和电气联锁功能，确保设备、供电及人身安全。

2）小型局（站）可考虑直接在发电机房室内或电力机房内切换。

3）大型局（站）应选择在低压配电室内进行切换。

（3）通信用电力机房交流引入电源切换的要求。为保证电力机房交流供电的可靠性，尽量减少低配馈电分路，便于楼内电源通道的规划和及时掌握电力机房的交流用电情况，建议电力机房配置总交流配电设备，该设备应由二路电源供电，互为备用。两路电源的切换同样应具备机械和电气联锁功能。

2.2.4　发电机供电系统

发电机供电系统由发电机组（高压发电机组、低压发电机组）、配电设备、接地设备（高压发电机组）、储（供）油设备及馈电线路组成。

高压发电机组宜采用并机运行方式，低压发电机组宜采用单机运行方式。

并机运行的高压发电机组应配置接地电阻设备，其中性线宜通过接触器及串接电阻进行接地，并保持其中一台发电机组所接的接触器闭合。

2.2.5 UPS

UPS 由 UPS 主机、蓄电池组、输入配电设备、输出配电设备及相应馈电线路组成。

UPS 分为 $N+1$ 并联冗余供电方式和 $2N$ 双总线供电方式。除上述两种供电方式外，还有 $3N$ 双总线供电方式。根据供电对象的重要程度，可采用不同类型的 UPS，$N+1$ 并联冗余 UPS 供电方式和 $2N$ 双总线 UPS 供电方式如图 2-2、图 2-3 所示。

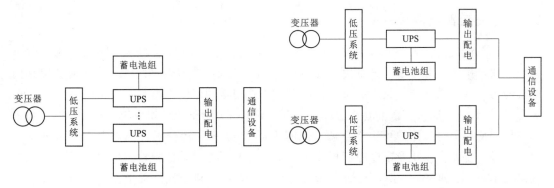

图 2-2 $N+1$ 并联冗余 UPS 供电方式　　　图 2-3 $2N$ 双总线 UPS 供电方式

重要的负载应采用 $2N$ 双总线 UPS 供电方式，一般负载可采用 $N+1$ 并联冗余 UPS 供电方式。UPS 负荷较大的局（站）应考虑 UPS 输入谐波对发电机组的影响。

给末端通信设备（小区接入网设备、移动通信直放站等）供电的室外一体化 UPS 可采用单机工作方式。

2.3　通信电源交流配电

2.3.1　交流配电的作用与功能

1. 交流配电的作用

低压交流配电的作用是集中有效地控制和监视低压交流电源对用电设备的供电。

对于小容量的供电系统，如分散供电系统，通常将交流配电、直流配电和整流以及监控等组成一个完整、独立的供电系统，集成安装在一个机柜内，目前采用的是高频开关电源柜。

对于大容量的供电系统，一般单独设置交流配电屏，以满足各种负载供电的需要。其位置通常在低压配电之后，传统集中供电方式的电力室输入端。

2. 交流配电的功能

交流配电屏（模块）的主要功能通常表现在以下方面：

（1）输入端要求有两路输入交流电源，可进行人工或自动倒换。若为自动倒换，必须有可靠的电气或机械连锁。

（2）具有监测交流输出电压和电流等功能的仪表或者显示面板，并能通过仪表、面板和转换开关测量出各相电压、线电压、相电流和频率。

（3）具有欠压、缺相和过压告警功能。为便于集中监控，同时提供遥信、遥测等接口。

（4）提供各种容量的负载分路。各负载分路主熔断器熔断或负载开关保护后，能发出声光告警信号。

（5）当交流电源停电后，能提供直流电源作为事故照明。

（6）交流配电屏的输入端应提供可靠的雷击、浪涌保护装置。

2.3.2　交流配电原理分析

电源系统交流输入一般有两路，图 2-4 所示为具有两路自动切换功能的交流配电单元原理图。市电 I 和市电 II 分别由空开 KZ_1、KZ_2 接入，接触器 K_1、K_2 及其辅助接点构成机械与电气互锁功能。只要有市电且市电电压在规定的范围之内时，I 路市电优先，K_1 吸合，K_2 断开，送入 I 路市电。通过空开 KZ_{301}～KZ_{312} 给整流模块供电，KZ_4～KZ_7 则是提供用户使用分路（用户可用作空调、照明等）。市电采样板分别检测市电 I 和市电 II 的电压信号，供监控模块及市电控制板使用。市电控制板通过采样板检测的电压信号来控制接触器 K_1、K_2 的驱动线圈，从而实现两路市电的自动切换。控制板上设有市电过欠压指示，市电正常时，指示灯熄灭；如果市电过欠压则相应的指示灯亮。在整流模块及交流辅助输出之前设置了由 C 级、D 级所构成的两级防雷系统。

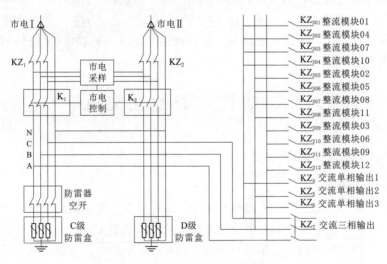

图 2-4　交流配电单元原理图

2.3.3　交流配电单元组成

交流配电单元（屏）通常由以下几个部分组成：

（1）交流接入电路。交流接入一般通过空气开关或刀闸开关，交流接入开关的容量即为交流配电单元的容量，PS 系列电源交流配电容量分为 50A、100A、200A、400A、600A 五个等级。

（2）整流器交流输入开关。交流配电单元分别为系统的每一个整流器提供一路交流输入，开关容量根据整流器容量确定。

（3）交流辅助输出。电源系统的交流配电除了给整流器提供交流电外，还配置了多种容量的交流输出接口，供机房内其他交流用电设备使用。

（4）交流自动切换机构。由机械电子双重互锁的接触器组成。

（5）交流采样电路。由变压器和整流器件组成的电路板将交流电压、电流和频率等转换成监控电路可以处理的电信号。

（6）交流切换控制电路。完成两路交流自动切换、过欠压保护、告警等功能。

（7）交流监控电路。集散式监控中专门处理交流配电各种信息的微处理器电路可以完成信号检测、处理、告警、显示以及与监控模块通信等功能。

（8）C 级与 D 级防雷器。开关电源的防雷电路在交流配电单元关系到整个开关电源的安全。

交流配电单元内还应有监控的取样、检测、显示、告警及通信的功能。

2.3.4 交流配电切换方式

交流配电单元将三相五线制或三相四线制市电接入，经过切换送入系统，交流电经分配单元分配后，分别供给开关整流器设备和其他交流用电设备使用。系统可以由两路市（或一路市电一路油机）供电，两路市电为主备工作方式，平时由市电Ⅰ供电，当市电Ⅰ发生故障时，切换到市电Ⅱ，在切换过程中，通信设备的供电由蓄电池组来提供。两路市电输入切换要求有机械或者电气互锁，防止两路交流输入短接。两路市电的切换方式可分为手动切换、自动切换和 ATS 切换三种方式。

1. 手动切换

手动切换又称为机械互锁，主要由开关和互锁装置组成。其造价低、可靠性高，两路市电切换时需要手动操作。手动切换装置如图 2-5 所示。

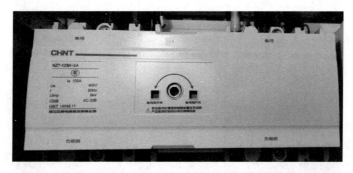

图 2-5 手动切换装置

2. 自动切换

当其中一路市电发生故障时可自动切换到另一路市电继续供电，通常以Ⅰ路市电作为主用回路。一般由塑壳断路器或微断开关、交流接触器、控制电路三部分组成。这种方式造成本相对较高。自动切换装置如图 2-6 所示。

图 2-6　自动切换装置

3. ATS 切换

ATS 同时具备手动和自动切换功能，主要由开关本体和控制器组成，可以根据具体要求对切换的条件进行设置（比如过压、欠压、频率偏差等）。ATS 分为 PC 级和 CB 级。PC 级只完成双电源自动转换功能，不具备短路电流分断（仅能接通、承载）的功能，它具有结构简单、体积小、自身连锁、转换速度快、安全、可靠等优点；CB 级既具有完成双电源自动转换的功能，又具有短路电流保护（能接通并分断）的功能。若 CB 级的 ATS 在负载电路出现过载或短路时，断路器本身保护功能动作，使断路器脱扣，切断故障电路，而此时电源侧电压还是正常的。在这种情况下，若转换到备用电源，由于负载故障并没有排除，电路中仍然会存在故障电流，这样的转换没有多大的意义。ATS 切换装置如图 2-7 所示。

图 2-7　ATS 切换装置

2.4 通信电源交流供电典型结构

低压交流配电屏是连接降压变压器、低压电源和交流负载的装置，可以完成市电与备用电源转换、负载分路以及保护、测量、告警等作用。与通信开关电源系统配套的交流配电屏典型结构如图 2-8 所示，其通常与高频开关整流器同屏柜设计。

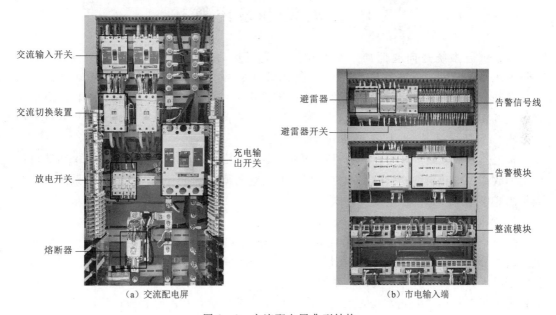

（a）交流配电屏   （b）市电输入端

图 2-8　交流配电屏典型结构

如图 2-8（a）所示，交流配电屏接入了两路市电，其中一路为主用，另一路为备用，分别经过空气断路器输入到交流切换装置，通过交流切换装置实现自动切换功能，即当主用市电停电时，可以自动切换到备用市电上。

市电输入端同时接有避雷器及避雷器开关，如图 2-8（b）所示。

负载端 W 相装有电流互感器，用于测量 W 相总电流，转变后的电流信号送至电流表显示；同时装有测量二相线的转换开关，转换后的电压信号将送至电压表显示。即电流表和电压表分别对 W 相电流和三相电压进行测量。

此外，还具备告警信号接入功能，通过告警模块装置实现交流输入异常、整流模块故障、直流输出异常、蓄电池欠压的监控。

第3章 通信电源直流供电系统

3.1 直流供电系统概述

直流供电系统是向通信局（站）提供直流（基础）电源的供电系统。根据 YD/T 1051—2000《通信局（站）电源系统总技术要求》规定，－48V 为直流基础电源。除 －48V 基础电源外，还有 240V 和 336V 直流供电系统。在实际应用中，如果必须采用 24V 或者其他直流电压种类的电源，一般通过直流—直流变换器的方式将－48V 基础电源 变换成 24V 或其他直流电压等级的电源。

根据通信局（站）规模容量及直流负荷大小、性质、种类的不同，直流供电系统可以 采用分散式供电和集中式供电两种方式。根据供电电源种类的不同，直流供电系统又可分 为常规式供电和混合式供电两种方式。

1. 分散式供电

分散式供电是设置两套以上的独立直流供电系统分别向不同的通信设备（系统）供 电。由于分散式供电的供电系统设置地点靠近通信设备，供电线路损耗（直流回路压降） 相对较小。另外，若其中一套供电系统出现故障，只会造成局部通信中断，影响面及造成 的损失也相对较小。但此方式的系统（设备）多、维护量大、占地面积相对较多。

2. 集中式供电

集中式供电是设置一套直流供电系统向通信局（站）的所有通信设备（系统）供电。此供 电方式系统（设备）少、维护工作量小、占地面积也较少。由于是一套供电系统集中供电，一 旦供电系统出现故障，将会造成全局（站）通信中断，其影响面及造成的损失也较大。

3. 常规式供电

常规式供电的输入电源为一般的市电电源和发电机组电源，经整流后向通信设备直流 供电。

4. 混合式供电

混合式供电是在常规市电缺乏地区，利用新能源（太阳能、风能等）经调整或变换后 向通信设备直流供电。

一般大型通信枢纽由于通信设备种类众多、负荷量大，所以采用分散式常规供电；一 般中、小型通信局（站）多采用集中式供电，在市电缺乏地区采用混合式供电。

3.2 直流供电系统的组成及技术指标

3.2.1 直流供电系统的组成

直流供电系统一般由高频开关整流器和与之配套的交流配电屏、直流配电屏、蓄电池组、DC—DC变换器等设备及其供电母线组成。一些小型开关电源系统往往采用结构紧凑、安装使用方便的集开关整流单元、监控单元以及交直流配电单元为一体的组合开关电源架。

1. 交流配电屏

通信用电力机房高频开关整流器及其他通信用电设备的交流配电屏，主要用于交流电源的接入与负荷的分配，其主要功能如下：

（1）具有两路交流电源引入，能进行主、备用电源转换，对两路交流电源有自动转换要求的电路必须具有可靠的机械及电气联锁。

（2）输出负荷分路可根据不同用电设备的需求而定。

（3）具有过压、欠压、缺相等告警功能以及过流、防雷等保护功能。

（4）交流配电屏应能够提供反映供电质量和交流配电屏自身工作状态的监测量，如三相电压、三相电流、市电供电状态、主要分路输出状态等，并上送监控模块。

2. 高频开关整流器

高频开关整流器主要由若干个整流模块和监控模块组成单独的机架，将从交流配电屏引入的交流电源整流为通信设备所需的直流工作电源，其输出端与直流配电屏相连接，并通过直流配电屏的相应端子与蓄电池组和通信设备相连，对蓄电池组浮充电，并向通信设备供电。

目前使用较多的为PWM高频开关整流器，主要由主电路、控制电路和辅助电源三部分组成。主电路完成从交流输入到直流输出变换的全过程，辅助电源则为有源网络提供所需要的各种电源。

3. 直流配电屏

直流配电屏位于整流器与通信设备之间，主要用于直流电源的接入与负荷的分配，即整流器、蓄电池组的接入和直流负荷分路的分配，主要功能如下：

（1）可接入两组蓄电池。

（2）负荷分路及容量可根据系统实际需要确定。

（3）具有过压、欠压、过流保护和低压告警以及输出端浪涌吸收装置。

（4）能够对蓄电池组充、放电回路以及主要输出分路进行监测。

（5）移动基站所的直流配电单元具有低电压两级切断保护功能。

4. 蓄电池组

蓄电池组是直流供电系统中不可缺少的重要组成部分。蓄电池组在系统中是作为储能设备，当外部交流供电突然中断时，通信设备的正常工作受到威胁，而蓄电池组作为系统供电的后备保护，可提供0.25～20h或更长时间的不停电电源。因此，蓄电池组是系统供电的最后保证，也是维持正常通信的最后保障。

目前，通信局（站）的直流供电系统中大部分蓄电池为阀控式密封铅酸蓄电池。蓄电池单体电压一般为2V。

5. 直流—直流变换器

直流—直流（DC—DC）变换器是一种将直流基础电源转变为其他电压等级的直流变换装置。目前通信设备的直流基础电源电压规定为−48V，由于在通信系统中仍存在

24V（通信设备）及±12V、±5V（集成电路）的工作电源，因此有必要将－48V基础电源通过直流—直流变换器变换到相应电压种类的直流电源，以供各种设备使用。

3.2.2　直流供电系统的主要技术指标

直流供电系统是大多数通信设备的供电电源，其供电指标的好坏对通信设备的工作影响极大，主要的技术指标为直流输出电压的允许变动范围、直流供电回路全程最大允许压降。直流供电系统的主要技术指标见表3-1。

表 3-1　　　　　　　　　　　　直流供电系统的主要技术指标

基础电压/V	－48	240	336
直流输出电压允许变动范围/V	－57～－40	204～288	260～400
直流供电回路全程最大允许压降/V	3.2	12	20

（1）直流输出电压允许变动范围是指通信设备输入端子处的正常工作电压的允许变动范围。多种通信设备（如交换、IDC、传输、基站等）共用的直流供电系统的直流输出电压允许变动范围应按工作电压允许变动范围最窄的通信设备考虑。

（2）直流供电回路全程最大允许压降是指从蓄电池输出端至通信设备输入端子处的全程直流供电回路最大允许压降。

3.3　高频开关整流器

3.3.1　高频开关整流器的组成

高频开关整流器即整流模块单元，是整个通信开关电源最核心的部件，主要的作用是将交流电变换成通信设备所需要的直流电（48V或24V），并输出到直流配电单元。整流模块单元包括整流模块和整流模块机架部分。

整流模块其主电路有三种基本类型：可控硅相控整流器、可控谐振整流器和高频开关整流器。可控硅相控整流器输出功率大，但效率低，控制电路复杂。可控谐振整流器效率高，控制电路较简单，但输出负载性能及频率性能差，并且噪声大。高频开关整流器效率高、滤波组件体积小、总体机架结构体积小、扩容方便，也是现在应用最广泛的整流器。

高频开关整流器组成如图3-1所示。

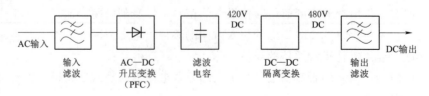

图 3-1　高频开关整流器组成

（1）输入滤波电路。处于整流模块的前端，包括低通滤波、浪涌抑制等电路。其作用是将电网存在的尖峰等杂波过滤，给本机提供良好的交流电，同时也防止本机产生的噪声反馈到公共电网中。

（2）AC—DC升压变换电路（APF）。通过整流电路将交流电变换成直流电，同时通过PFC（功率因数校正）防止整流电路引起的谐波电流污染电网和减小无功损耗来提升功率因数。PFC电路分为无源功率因数校正和有源功率因数校正。无源功率因数校正电路效率低，不稳定，并且整体电路体积较大；而有源功率因数校正电路具有效率高、体积小等优点，所以是目前大多数电源厂家采用的电路。

（3）滤波电容。将整流后的直流电变为较平滑的直流电。

（4）DC—DC隔离变换电路。是开关电路的核心部分，主要完成前一级DC420V输出高压的高频转换功能。功率变换器首先将高压直流电转变为高频交流脉冲电压或脉动直流电，再经高频变压器降压成所需要的直流电。在一定范围内，频率越高，体积重量与输出功率之比越小。但频率最终将受到元器件、干扰、功耗以及成本的限制。

（5）输出滤波。由高频整流滤波及抗电磁干扰等电路成，提供稳定可靠的直流电源。输出高频滤波器的主要作用是衰减直流变换器输出电压中的高频分量，降低输出纹波电压，从而满足通信和其他用电设备的要求。

整流模块机架一方面给整流模块提供安装结构上的支撑；另一方面，它还有汇流母排，将各个整流模块的直流输出汇接至直流配电单元。由于一个开关电源系统具有多个整流模块，在正常工作时需要合理分配负载电流，即均流功能。当系统的整流模块不是满配时，应将整流模块尽量平均分配在三相上，从而基本保证三相输入平衡。

3.3.2 高频开关整流器的原理

高频开关整流器的原理框图如图3-2所示。

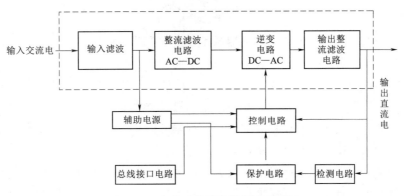

图3-2 高频开关整流器的原理框图

1. 主电路

高频开关整流器的主电路（图3-2中虚线框部分）的功能是实现交流市电输入转换到直流稳压输出的全过程，是高频开关整流器的主要部分，包括以下几个电路：

（1）交流输入滤波（EMC滤波）。其作用是将交流电网存在的杂波等电磁干扰过滤，同时也阻止整流模块产生的电磁干扰反馈到交流电网。

（2）整流滤波电路。将电网交流电源整流成为较平滑的直流电，以供下一级电路使用。

（3）逆变电路。将整流后的直流电转变为高频交流电，这是高频开关整流器的核心电路。在一定范围内，频率越高，在同样的输出功率下，逆变电路的体积、重量越小。当然，频率也不能无限制提高，还牵涉到电子技术、元器件、成本、电磁干扰、功耗等各种因素。

（4）输出整流滤波。将高频交流电整流滤波为稳定可靠的直流电源。

2. 控制电路

控制电路的主要作用为：①为了实现输出电压稳定，控制电路需要从输出端取样，并与设定的基准进行比较，反馈控制逆变电路，改变逆变振荡频率或脉冲宽度，达到输出电压稳定的目的；②根据检测电路提供的数据，经过保护电路鉴别，对整机进行各种保护措施（过压、欠压、过流、过热等）；③与总线接口电路连接，与监控器交换数据，处理监控器的指令。

3. 检测电路

检测电路的主要作用为：①检测内部电路的数据参数，提供给保护电路；②将电压、电流、设定值等数据提供给各种显示仪表，方便使用人员观察、记录。

4. 辅助电源

辅助电源提供开关整流器内部电路正常工作的各种交直流电源。

5. 总线接口电路

总线接口电路主要是为了高频开关整流器的并机、监控而设计，它和监控单元进行通信，接受监控单元的监控管理，实现模块的电压调整、均流调整等功能。

3.3.3　高频开关整流器分类

DC—AC逆变电路是高频开关整流器的主要组成部分。根据逆变电路电压调整原理的不同，高频开关整流器可分为PWM型和谐振型两类。

（1）PWM型高频开关整流器具有体积小、重量轻、效率高、适应性强等特点。整流器中的功率开关器件工作在强制截止和强制饱和导通方式下，在开关截止和导通期间会产生一定的开关损耗，这种开关损耗会随着开关频率的提高而增加，降低了转换效率，因此限制了整流器开关工作频率的进一步提高。

（2）谐振型高频开关整流器可以使开关整流器工作在更高的频率下而开关损耗相对较小，通常可分为串联谐振型、并联谐振型和准谐振型几种，目前应用较为常见的是准谐振型高频开关整流器。

3.3.4　整流模块结构及功能特点

3.3.4.1　外观与结构

1. 外观

整流模块的外观如图 3-3 所示。

2. 前面板

整流模块的前面板有三个指示灯，如图 3-4 所示。

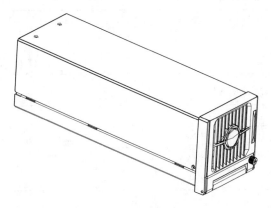

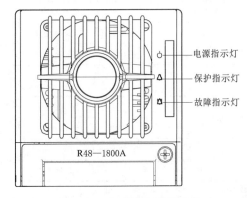

图 3-3 整流模块的外观

图 3-4 整流模块的前面板

整流模块指示灯的功能见表 3-2。

表 3-2   整流模块指示灯的功能

指示标识	正常状态	异常状态	异 常 原 因
电源指示灯（绿色）	亮	灭	无输入电源
		闪亮	后台监控对模块进行操作
保护指示灯（黄色）	灭	亮	交流输入过欠压，模块 PFC 输出过欠压，过温，模块不均流
		闪亮	模块通信中断
故障指示灯（红色）	灭	亮	输出过压，同一系统上有两个或以上相同 ID 的模块，模块电流严重不均流
		闪亮	模块风扇故障

3. 后面板

整流模块的后面板有交流输入插座和直流输出插座，如图 3-5 所示。

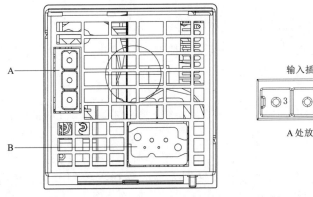

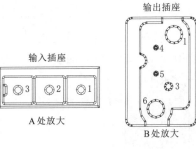

图 3-5 整流模块后面板图

整流模块的输入、输出插座采用热插拔技术，安装维护极为方便。交流输入插座和直

35

流输出插座管脚功能见表 3-3 和表 3-4。

表 3-3　　　　　　　　　　　　交流输入插座管脚功能

管 脚 号	管脚功能	管 脚 号	管脚功能
PIN1	接交流相线	PIN3	接保护地
PIN2	接交流中线		

表 3-4　　　　　　　　　　　　直流输出插座管脚功能

管 脚 号	管脚功能	管 脚 号	管脚功能
PIN1	输出正端	PIN4	通信负信号
PIN2	空	PIN5	通信正信号
PIN3	热插拔	PIN6	输出负端

4. 整流模块实物图

典型整流模块的电流等级一般为 100A、50A、30A，如图 3-6 所示。

（a）100A　　　　　　（b）50A　　　　　　（c）30A

图 3-6　典型整流模块实物图

3.3.4.2　功能和特点

1. 热插拔

整流模块采用无损伤热插拔技术，其输出和输入都有软启动单元，当模块插入系统时，不会引起系统输出电压的扰动。更换模块时间小于 1min。

2. 数字化均流

整流模块采用先进的数字化均流技术，无须监控模块，整流模块间可以自动均流，均流不平衡度小于 ±3%。

3. 输入限功率控制

整流模块根据输入电压和输出电压的变化，采用先进的限功率控制方法。转换点在176V（回差小于 2V）。当输入电压在 AC176～300V 时，模块可以输出最大功率；当输入电压在 AC85～176V 时，使其在低输入电压时既保证最大负载需求，又能保证模块的可靠工作。整流模块输出功率与输入电压的关系如图 3-7 所示。

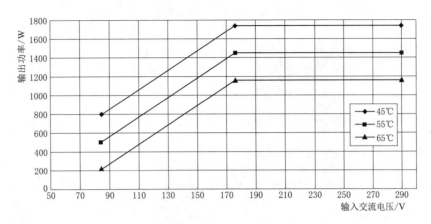

图 3-7 整流模块输出功率与输入电压的关系

当 45℃时，输出功率与输入电压关系如下：

（1）AC176V 输入，模块最大输出功率为 100％额定功率，即 1740W。

（2）AC110V 输入，模块最大输出功率为 50％额定功率，即 1050W。

（3）AC85V 输入，模块最大输出功率为 44.4％额定功率，即 800W。

4. 输出负载特性

输入电压 AC176～300V 时，模块最大输出功率为 1740W。

当负载继续增大，输出电压将下降，输出电压在 52.7～58V 时，输出功率恒定，最大为 1740W，即输出电压为 58V 时，最大输出电流为 30A；输出电压为 52.7V 时，最大输出电流为 33A。整流模块输出电压与输出电流的关系如图 3-8 所示。

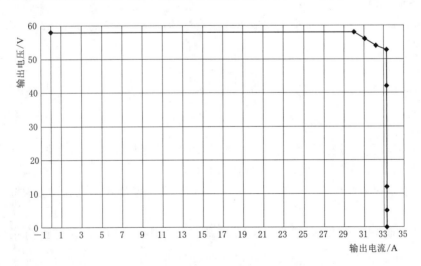

图 3-8 整流模块输出电压与输出电流的关系

5. 温度限功率

整流模块正常输入状态下，在 -20～45℃工作温度区间，可以正常工作并且达到最大输出功率 1740W；在其他温度区间则限功率输出。整流模块温度限功率说明见表 3-5。

表 3 - 5　　　　　　　　　　　　**整流模块温度限功率说明**

温度范围/℃	输　出　功　率	温度范围/℃	输　出　功　率
−40～−20	可以正常启动并连续工作	55～65	线性限功率到 1160W
−20～45	正常工作，可输出 1740W	65～70	线性限功率到 0
45～55	线性限功率到 1450W		

整流模块输出功率与温度关系如图 3 - 9 所示。

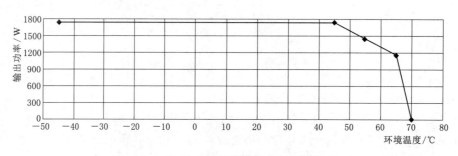

图 3 - 9　整流模块输出功率与温度关系

6. 输出限流点调节

通过外部监控模块，整流模块的输出限流点在 42～58V 范围内可调，步长 0.1A。在额定输入条件下，正常输出电压范围（42～58V）内整流模块的输出限流点与监控设定值的误差不大于±1A。

7. 输出电压调节

通过外部监控模块，整流模块的输出电压能连续调整，调整范围为 42～58V，调整精度为±0.1V。

8. 风扇控制

正常工作时，风扇的转速随模块温度的升高而提高，直到满转；交流过/欠压时，风扇停止转动。

9. 监控性能

整流模块有内置先进的数字化信号处理器 DSP，监测和控制整个模块的运行，并通过 CAN 总线与外部监控模块通信。具体包括以下几点：

（1）可以通过监控模块控制整流模块开/关机，设置模块输出电流缓起功能和过压保护复位模式。

（2）可以通过监控模块调整整流模块的输出电压、过压点、电流步进时间、限流点。

（3）向监控模块发送输入电压、输出电压、输出电流、限流点、温度、过压点。

（4）向监控模块发送开/关机状态、输入保护、内部 PFC 过/欠压保护、过温保护、过压关断故障、风扇故障、温度限功率、输入限功率、电流不平衡。

10. 故障保护功能

（1）输入过/欠压保护。当输入交流电压小于（80±5）V 或者大于（305±5）V，保护指示灯（黄灯）亮，模块将停止工作、无输出；当输入电压恢复到 AC97.5～295V 范围内时，整流模块自动恢复为正常工作。

过压保护事件发生时整流模块会上报监控模块。

（2）输出过压保护。整流模块有输出过压硬件保护和输出过压软件保护。过压硬件保护点为（59.5±0.5）V 之间，过压硬件保护后需要人工干预才可以开机。过压软件保护点可以通过监控模块设置，设置范围为 56～59V，要求比输出电压高 0.5V 以上，出厂默认值为 59V。

过压软件保护模式可以通过监控模块选择：

1）一次过压锁死模式。当整流模块发生软件过压时，整流模块关机并保持，需要人工干预方可恢复。

2）二次过压锁死模式。整流模块过压软件保护后，关机 5s 内重新开机，如果在设定时间内（默认为 5min，可以通过监控模块设置）发生第二次过压，整流模块则关机并保持，需要人工干预方可开机。人工干预方法：可以通过监控模块复位整流模块，也可以通过从电源系统上脱离整流模块来复位整流模块。

过压故障发生时，整流模块上报故障信号给监控模块进行相应处理。

（3）过温保护。在模块的进风口被堵住、环境温度过高或者风扇故障等原因导致模块内部温度达到 98℃ 时，模块面板的保护指示灯（黄灯）亮，模块将停止工作、无输出。当异常条件清除，模块内部的温度恢复正常后，模块将自动恢复为工作，过温告警消失。

过温保护发生时，整流模块上报告警信号给监控模块进行相应处理。

（4）PFC 输出过/欠压保护。当整流模块内部母线电压超过过/欠压保护点时，模块将自动关机保护，整流模块无输出，并且整流模块面板的保护指示灯（黄灯）亮。

PFC 输入过压保护发生时，整流模块上报告警信号给监控模块进行相应处理。

（5）风扇故障保护。当风扇发生故障时，整流模块将产生风扇故障告警，模块面板上的故障指示灯（红灯）闪烁，模块关机、无电压输出。故障消除后，可自动恢复为正常工作。

故障事件发生时，整流模块上报告警信号给监控模块进行相应处理。

（6）短路保护。整流模块采用恒流保护模式，在输出短路的情况下，模块输出电流保持恒定，电流不大于 33A，有效地保护自身和外部设备；当短路故障消失后，模块自动恢复工作。

（7）输出电流不平衡。当多个整流模块在系统并联使用，均流误差大的模块能自动识别，并点亮模块面板上的保护指示灯（黄灯）。

系统上整流模块的平均电流大于 6A 而模块的电流小于 1A 时，判断为严重不均流故障，红灯亮；同一系统上有不少于两个相同 ID 的模块时，红灯亮。

如果整流模块输出电流发生严重不平衡，均流误差大于 5A 且无输出的模块能自动识别，并点亮模块面板上的故障指示（红灯）。

故障消除后，可自动恢复为正常工作。

故障事件发生时，整流模块上报告警信号给监控模块进行相应处理。

（8）后台通信中断。整流模块发生通信中断后，模块面板的保护指示灯（黄灯）闪烁。当模块通信恢复后，模块面板的保护指示灯（黄灯）恢复正常。当模块通信正常后，模块自动恢复工作。

为了保护蓄电池，当整流模块通信故障后，模块的输出电压变化到 53.5V（根据实际需要，可以预先设置不同电压）。

3.4　直流配电单元

直流配电单元原理图如图 3-10 所示。直流配电单元的正负母排分别与整流模块输出的正负极相连，同时它还可以接入两组电池 BAT_1、BAT_2。电池通过熔断器，接触器及分流器接入负母排。分流器 FL_1、FL_2、FL_3 分别检测电池 I、电池 II 电流及负载的总电流，接触器 K_1、K_2、K_3 由直流下电板 B64C2C1 及监控模块来控制，实现电池及负载的自动切断及接入功能。$ZK_8 \sim ZK_{15}$，$RD_1 \sim RD_5$ 的通断信号，FL_1、FL_2、FL_3 的电流信号经信号转接板 B64C2A1 后送入监控单元。

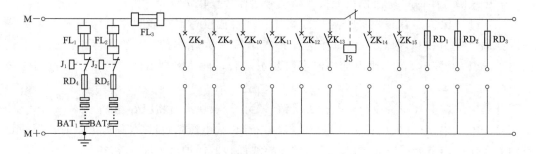

图 3-10　直流配电单元工作原理图

直流配电单元主要完成直流的分配和备用电池的接入。开关整流模块的输出经汇流母排接入直流配电单元，配电单元为负载分配不同容量的输出，可满足不同的需要；后备电池组的输入与开关整流模块输出汇流母排并联，以保证开关整流器无输出时，后备电池组能向负载供电。

一个开关电源系统根据情况配置一组或两组蓄电池，如图 3-11 所示。除了串有相应的保护熔断器外，直流配电单元对蓄电池组还具有低压脱离（low voltage disconnected, LVD）的保护装置。当整流模块停机，由蓄电池组单独对外界负载放电时，随着放电时间的延长，电池的输出电压会越来越低，当电池电压达到一个事先设定的保护值时，为保护电池组不至于过放电而损坏，低压脱离装置动作，从而断开电池组与开关电源的连接，此时系统供电将会中断。这种情况将造成重大通信事故，所以应加强日常维护工作，避免蓄电池组长时间放电。

直流配电单元的技术关键在于保证屏内压降的较小值，测量数据的准确显示和监控的可靠实现。内部的布局能根据用户需求的不同灵活改变，方便施工，上下进出线均可。

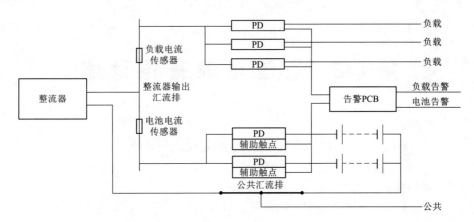

图 3-11 直流配电模块功能框图

第4章 通信电源蓄电池组

4.1 通信电源蓄电池组概述

1. 蓄电池的种类

蓄电池的种类很多，通常按照使用用途、极板结构、蓄电池盖及其结构、电解液指标的不同进行划分。

（1）根据用途和结构划分，有固定型和移动型两种：固定型用于固定不变的场合，如通信厂站、设备机房等；移动型主要用于电力机车牵引、船用等场合。

（2）根据极板结构划分类，有形成式、涂膏式和管式蓄电池。

（3）根据蓄电池盖及其结构划分，有开口式、排气式、防酸隔爆式和密封阀控式电池。

（4）根据电解液指标划分。

1）根据电解液的 pH 值种类划分，可以分为酸性蓄电池和碱性蓄电池。

2）根据电解液的数量划分，有贫液式和富液式。

3）根据电解液的流动性能划分，有普通铅酸蓄电池（采用普通硫酸电解液）和胶体蓄电池（采用凝胶状硫酸电解液）。

2. 通信用蓄电池的种类

通信用蓄电池通常为密封铅酸阀控式蓄电池。铅酸蓄电池主要分为三类，分别为普通蓄电池、干荷蓄电池和免维护蓄电池。

（1）普通蓄电池。普通蓄电池的极板是由铅和铅的氧化物构成，电解液是硫酸的水溶液。它的主要优点是电压稳定、价格便宜；缺点是比能低（即每千克蓄电池存储的电能）、使用寿命短和日常维护频繁。

（2）干荷蓄电池。它的全称是干式荷电铅酸蓄电池，它的主要特点是负极板有较高的储电能力，在完全干燥状态下能在两年内保存所得到的电量，使用时，只需加入电解液，20~30min 后即可使用。

（3）免维护蓄电池。免维护蓄电池由于自身结构上的优势，电解液的消耗量非常小，在使用寿命内基本不需要补充蒸馏水。它还具有耐震、耐高温、体积小、自放电小的特点。使用寿命一般为普通蓄电池的两倍。市场上的免维护蓄电池也有两种：一种在购买时一次性加电解液，以后使用中不需要维护（添加补充液）；另一种是电池本身出厂时就已经加好电解液并封死，不能加补充液。

3. 通信用蓄电池的特点

蓄电池是保障通信设备不间断供电的核心设备，通信设备对供电质量的要求决定了其要求电池设备具有以下特点：

（1）使用寿命长。从投资经济性考虑，蓄电池的使用寿命必须与通信设备的更新周期相匹配，即 10 年左右。蓄电池的使用寿命与蓄电池工作环境以及循环充放电的频次有关。充放电频率越高，蓄电池使用寿命越短。

（2）安全性高。蓄电池电解质为硫酸溶液，具有强腐蚀性，另外，对于密封蓄电池，其电化学过程会产生气体，增加其内部压力，压力超过一定限度时会造成蓄电池爆裂，释放出有毒、腐蚀性气体、液体，因此蓄电池必须具备优秀的安全防爆性能。一般密闭蓄电池都设有安全阀和防酸片，自动调节蓄电池内压，防酸片具有阻液和防爆功能。

另外蓄电池还必须具备安装方便、免维护、低内阻等特性。

4.2 通信电源蓄电池组原理

4.2.1 蓄电池结构及工作原理

4.2.1.1 蓄电池结构

蓄电池结构如图 4-1 所示。

4.2.1.2 工作原理

1. 放电过程的化学反应

假定铅蓄电池已经充满电，这时正极板表面是一层二氧化铅（PbO_2），而负极为海绵状铅（Pb）。电解液为稀硫酸溶液（$2H_2SO_4$），电解液可以形成正的氢离子（$2H^+$）及负的硫酸根离子（SO_4^{2-}）。当铅蓄电池开始放电时，正的氢离子向正极板移动，在正极板上发生的化学反应为

$$PbO_2 + 2H^+ + H_2SO_4 \Longrightarrow 2H_2O + PbSO_4$$

负的离子（SO_4^{2-}）向负极板移动，在负极板上发生的化学反应为

$$Pb^{2+} + SO_4^{2-} \Longrightarrow PbSO_4$$

可见，在铅蓄电池放电终结时，两极板表面都生成硫酸铅，电解液中硫酸则随放电过程而被消耗，同时形成水，使硫酸溶液浓度变低。

蓄电池放电总的电过程的化学反应式为

$$\underset{正极}{PbO_2} + \underset{硫酸}{2H_2SO_4} + \underset{负极}{Pb} \xrightarrow{放电} \underset{正极}{PbSO_4} + \underset{水}{2H_2O} + \underset{负极}{PbSO_4}$$

2. 充电过程的化学反应

将充电器的正、负极与被充的铅蓄电池的正、负极相连。

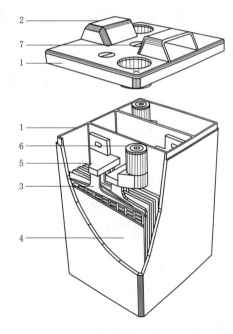

图 4-1 蓄电池结构

1—电池槽、盖，选用超强阻燃 ABS 塑料；2—提手，便于搬运；3—正负极群，板栅采用特殊的铅钙锡铝四元合金，抗伸延，耐腐蚀，析氢过电位高；4—微细玻璃纤维隔板，优选美国 AGM 隔板；5—汇流排，耐大电流冲击；6—端子，内嵌铜芯，使其电阻最小化，极柱密封采用瑞士专利技术；7—安全阀，采用欧洲进口阀帽，具有耐酸和良好的弹性恢复能力

在负极板上发生的化学反应为

$$PbSO_4 + 2H^+ =\!\!=\!\!= Pb_2 + H_2SO_4$$

可见经过充电，负极板表面又重新形成一层海绵状的铅，同时形成硫酸，硫酸溶液中的硫酸根离子（SO_4^{2-}）向正极板移动，与正极板发生的化学反应为

$$PbSO_4 + 2H_2O + SO_4^{2-} =\!\!=\!\!= PbO_2 + 2H_2SO_4$$

可见充电的结果，使两个极板表面成为不同物质的导体，硫酸的浓度也得到恢复，于是又成为化学电源。

蓄电池充电总的电过程的化学反应式为

$$\underset{\text{正极}}{PbSO_4} + \underset{\text{水}}{2H_2O} + \underset{\text{负极}}{PbSO_4} \xrightarrow{\text{充电}} \underset{\text{正极}}{PbO_2} + \underset{\text{硫酸}}{2H_2SO_4} + \underset{\text{负极}}{Pb}$$

4.2.2　阀控式铅酸蓄电池的容量

制造电池时，规定电池在一定放电率条件下，应该放出最低限度的电量。固定型铅酸蓄电池规定在 25℃环境下，以 10h 率电流放电至终了电压所能达到的容量规定为额定容量，用符号 C_{10} 表示。蓄电池在实际使用中，其容量电压会受到放电率、温度、终止电压等因数的影响。放电率越高，放电电流越大，放电时容量越低，反之越大。在一定环境温度范围内放电时，温度越高放电时容量越大，反之越小。终止电压越低放电时容量越高，反之越小。

4.3　通信电源蓄电池组技术特性

4.3.1　主要技术指标

1. 蓄电池的主要技术指标

（1）容量。额定容量是指蓄电池容量的基准值，容量指在规定放电条件下蓄电池所放出的电量，小时率容量指 N 小时率额定容量的数值，用 C_N 表示。

（2）最大放电电流。在蓄电池外观无明显变形，导电部件不熔断条件下，其所能容忍的最大放电电流。

（3）耐过充电能力。完全充电后的蓄电池能承受过充电的能力。

（4）容量保存率。蓄电池达到完全充电后静置数十天，由保存前后容量计算出的百分数。

（5）密封反应性能。在规定的试验条件下，蓄电池在完全充电状态，每安时放出气体的量（mL）。

（6）安全阀动作。为了防止因蓄电池内压异常升高损坏蓄电池槽而设定了开阀压；为了防止外部气体自安全阀侵入，影响电池循环寿命，而设立了闭阀压。

（7）防爆性能。在规定的试验条件下，遇到蓄电池外部明火时，在其内部不引爆、不引燃。

（8）防酸雾性能。在规定的试验条件下，蓄电池在充电过程，内部产生的酸雾被抑制向外部泄放的性能。

2. 通信用阀控式密封铅蓄电池 YD/T 799—2002《通信用阀控式密封铅酸电池》技术要求

（1）放电率电流和容量。依据 GB/T 13337.2 标准，在 25℃ 环境下，蓄电池额定容量符号标注为：C_{10}—10h 率额定容量，Ah，数值为 $1.00C_{10}$；I_{10}—10h 率放电电流，数值为 $0.1I_{10}$ A。

（2）终止电压 U_f。10h 率蓄电池放电单体终止电压为 1.8V。

（3）充电电压、端压偏差、充电电流。蓄电池在环境温度为 25℃ 条件下，浮充工作单体电压为 2.23～2.27V，均衡工作单体电压为 2.35V。各单体电池开路电压最高与最低差值不大于 20mV。蓄电池处于浮充状态时，各单体电池电压之差应不大于 90mV。最大充电电流不大于 $2.5I_{10}$ A。

4.3.2 阀控式铅酸蓄电池技术特性

1. 放电特性

（1）放电容量与放电电流的关系。放电电流越小放电容量越大；反之，放电电流越大放电容量越小。

（2）放电容量与温度的关系。温度降低时放电容量减少。

25℃ 下 $0.1C_{10}$～$2.0C_{10}$ 的放电电流放电至终止电压时的定电流放电特性图如图 4-2 所示。可以看出，10h 率、3h 率、1h 率的放电特性均较为理想。

2. 充电特性

蓄电池浮充充电应解决的两个问题：①补偿电池因事故自放电而产生的容量损失；②避免过充造成电池寿命的缩短。

蓄电池充电特性如图 4-3 所示。

蓄电池放电后的复充电也可以采

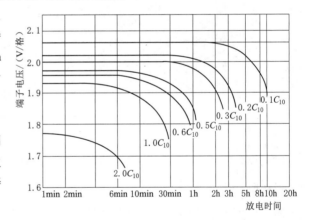

图 4-2 放电特性图

用浮动充电方法。图 4-3 所示为按 10h 率额定容量 50％ 及 100％ 放电后的定电流 [$0.1C_{10}$（A）] 定电压（2.23V）充电特性图。放电后的蓄电池充满电所需时间随放电量、充电初期电流、温度而变化。图中 100％ 放电后的电池在 25℃ 以 $0.1C_{10}$（A）、2.23V/格进行限流恒压充电，24h 左右可以充电至放电量 100％ 以上。

3. 蓄电池贮存环境

充满电的蓄电池如果放置没有使用，也会由于自放电而损失一部分容量。图 4-4 所示为蓄电池在不同环境温度下的容量保存情况，环境温度越高、贮存时间越长，蓄电池的容量损失也越大。可以粗略计算，在 25℃ 环境温度下放置时，安圣 GFM 系列蓄电池每天自放电量在 0.1％ 以下，这是由于特殊配方的铅钙合金蓄电池自放电量可控制到最低程度，约为铅锑合金蓄电池 1/5～1/4。由于温度越高蓄电池自放电量越大，长期保存时请尽量避

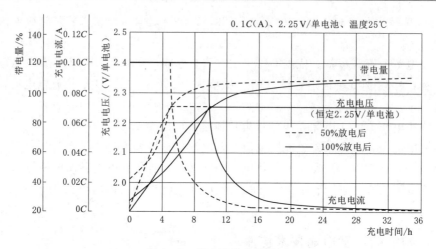

图 4-3　蓄电池充电特性图

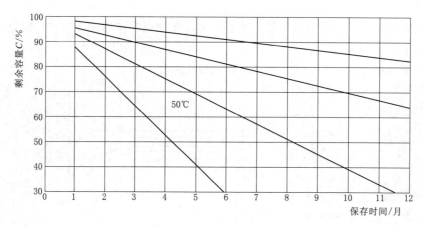

图 4-4　保存特性图

免高温场所。

剩余容量与开路电压关系（充满电的蓄电池贮存一段时间后测量）如图 4-5 所示。

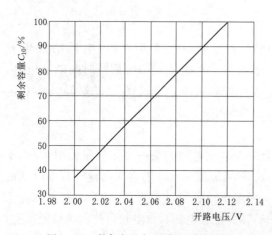

图 4-5　剩余容量与开路电压关系图

4. 寿命特性

影响蓄电池使用寿命的主要因素有环境温度、放电次数（频度）、放电深度、充电电压（浮充电流）、板栅腐蚀效应。

通常浮充充电时，蓄电池内产生的气体通过氧复合反应被负极板吸收变成水，不会由于电解液的枯竭引起容量丧失。但长期使用时，极板板栅会慢慢被腐蚀，使蓄电池寿命终止。温度越高，腐蚀速度越快，浮充寿命相对缩短；另外，充电电流越大腐蚀速度越快，所以必须选择合适的充电电压进行浮充充电。浮充充电电压请根据蓄电池说明进行设定，充电器电压精度最好在±2%以内。

图4-6所示为高温条件下蓄电池加速寿命老化试验曲线，虚线为外推结果。可以看出，环境温度对蓄电池使用寿命的影响显著，所以应尽量避免在高温环境下使用蓄电池。一般而言，在通常使用环境下（1个月的总放电量在额定容量以下，温度5～30℃）安圣GFM系列蓄电池的使用寿命为10～15年。

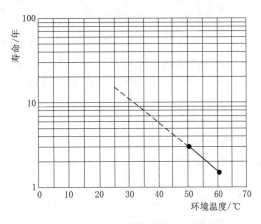

图4-6 高温条件下蓄电池加速寿命老化试验曲线图

5. 蓄电池容量的选择

要根据市电供电情况、负荷量的大小及负荷变化的情况等因素来正确、合理地选择蓄电池。一般确定蓄电池容量的主要依据是：市电供电类别、蓄电池的运行方式、忙时全局平均放电电流。

在确定蓄电池容量的主要依据中，市电供电类别分为四类，对于不同的供电类别，蓄电池的运行方式和容量的选择不同。例如，一类市电供电的单位，可采用全浮充方式供电，其蓄电池容量可按1h放电率来选择；二类市电供电的单位，可采用全浮充或半浮充方式供电，其蓄电池容量可按3h放电率来选择；三类市电供电的单位，可采用充放电方式供电，其蓄电池容量可按8～10h放电率来选择。不同放电率的放电电流和电池容量见表4-1。

表4-1 不同放电率的放电电流和电池容量

小时放电率	电池容量（额定容量的百分比）/%	放电电流（额定容量的百分比）/%
10	100	10
8	96	12
5	85	17
3	75	25
2	65	32.5
1	50	50

此外，忙时全局平均放电电流也是决定所装蓄电池容量的重要因素。

选择蓄电池的容量计算公式为

$$Q = \frac{I_{平均}}{K_n[1+0.006(t-25)]}$$

式中　Q——蓄电池容量，Ah；

　　$I_{平均}$——忙时全局平均放电电流；

　　n——设计标准规定的放电小时率（小时数）；

　　K_n——容量转变系数，即 n 小时放电率下，蓄电池容量与10h放电率的蓄电池容量之比；

　　　　t——实际电解液的最低温度，蓄电池室有采暖设备时，可按 15℃ 考虑；无采暖设备时，则按所在地区最低室内温度计算，但不应低于 0℃；

　　　　25——蓄电池额定容量时的电解液温度，℃；

　0.006——容量温度系数（即电解液以 25℃ 为标准时，每上升或下降 1℃ 时所增加或减少的容量比值）。

　　为了便于计算，可将上式简化为

$$Q = KI_{平均}$$

式中　K——电池容量计算系数，可参见《电信工程设计手册　通信电源》。

　　6. 蓄电池组的组成计算

　　通信直流电源中的蓄电池组由单体电池串联组成。在直流供电系统中，蓄电池组的数量一般由通信设备要求的负荷电流和蓄电池充放电工作方式而定。对于一组蓄电池而言，单体电池的串联数量也由通信设备的电压要求决定。一组蓄电池中单体电池串联的数量至少应能保证在放电终了时蓄电池组端电压在通信设备受电端子上的部分不低于通信设备对电源电压要求的下限值（即通信设备的最低工作电压），因此，蓄电池组电池串联数量最少应不小于按下式计算的结果

$$N_{放} = \frac{U_{最小} + \Delta U_{最大}}{U_{放终}}$$

式中　$N_{放}$——蓄电池组放电时所需电池数量，只，计算结果有小数时，进位取整数；

　　　$U_{最小}$——通信设备规定允许的最低工作电压，V；

　　$\Delta U_{最大}$——电池组至通信设备端放电回路机线设备的最大电压降总和，V；

　　　$U_{放终}$——电池放电终止电压，取 1.8V 或按电池厂提供的参数计算。

　　一般 48V 程控交换机电压范围为 42～56V，允许的蓄电池至程控交换机回路压降为 1.5V。

4.4　通信电源蓄电池组运行环境及参数

4.4.1　蓄电池运行环境维护注意事项

1. 影响蓄电池寿命的因素

　　蓄电池的寿命除产品自身质量外，主要与使用、维护等有关。其中与充、放电情况关系极大，连续大电流放电，频繁深度放电，大电流充电，都会明显影响寿命。还有，普通蓄电池在震动环境中使用，没有防震措施，也会影响其使用寿命，有针对性地及时养护可延长其寿命。

　　影响蓄电池寿命的因素简述如下：

　　（1）极板的厚度。极板的厚度属于电池设计方面的问题，一般来说，较厚极板的循环寿命要长于较薄极板，而活性物质利用率相比之下要差一些。因为，在一定的电流密度下，活性物质从表面到内部的反应深度即渗透深度是一个常数，如果极板设计过薄，在二氧化铅与硫酸铅的转化过程中，活性物质会很快变得疏松，使循环寿命降低。而若极板设计较厚，极板的厚度大于两倍的极板渗透深度，中间的活性物质不参与二氧化铅与硫酸铅

之间的转化并一直充当电流导体的作用，这样有利于循环寿命的延长。

（2）深度放电。小型密闭式阀控铅酸蓄电池对过放电非常敏感，偶尔一两次过放电，用适当的方法充电，还能够使其恢复到初期（未过放电前）之容量，但一旦过放电超过 3 次后，通常容量会降低且寿命缩短，不可能再恢复到正常的容量。而造成过放电的原因是电池长时间处于放电状态。蓄电池放电深度与其寿命的关系见表 4 - 2。

表 4 - 2 蓄电池放电深度与其寿命的关系

放电深度/%	100	50	20
循环次数	350	1000	2800
单次放电时间/h	2	1	0.4
累计放电时间/h	700	1000	1120

由表 4 - 2 可以看出，在理想条件下，蓄电池放电深度对循环寿命影响很大，基本呈指数变化。放电深度越浅，蓄电池使用寿命越长，放电深度越深，膨胀收缩量越大，对活性物结合力破坏越大，蓄电池循环寿命越短。

（3）放电电流。如前所述，小电流放电很少消耗正极板起骨架作用的 $\alpha - PbO_2$，如果大电流放电，因参加反应的 $\beta - PbO_2$ 不足，使 $\alpha - PbO_2$ 参加放电反应，因此造成一部分 $\alpha - PbO_2$ 向 $\beta - PbO_2$ 的转化，正极板提前软化，缩短蓄电池使用寿命。

（4）充电电流。充电电流应不大于蓄电池可接受充电电流，否则，过剩的电流会使产生的气体超过蓄电池吸收速率，这将使内压上升，气体从安全塞中排出，最终电解液被大量消耗，造成蓄电池失水，对于免维护蓄电池，会造成蓄电池的早期失效。

（5）充电模式。阀控铅酸蓄电池需要精确的充电制度才能达到其最优的性能和寿命，充电模式是决定电池使用寿命的关键。对有的蓄电池来说，与其说是用坏的，还不如说它是被充坏的。恒压限流充电模式下，循环使用的蓄电池，正极板正常，而负极板有部分表面覆盖了白色的硫酸铅，这是因为此方法充电时，到充电后期充电电流很小，而这一电流消耗于氧气在负极板的再复合，从而使得蓄电池负极板在循环过程中长期处于欠充状态以致发生负极板硫酸盐化；而三段式充电模式克服了前一种充电模式的不足，蓄电池循环寿命的终结为正极板发生软化，蓄电池寿命的终结属于循环的正常终结现象。

（6）环境温度。若环境温度过高将加速蓄电池各部分劣化，若以定电压充电，在高温下以非必要的大电流充电，结果将导致蓄电池寿命缩短。但若于低温充电会有氢气产生，氢气产生使得内部压力增大或电解液减少，最终导致缩短寿命。

（7）浮充电压。蓄电池浮充电压的选择是电池维护好坏的关键。如果选择得太高，会使浮充电流太大，不仅增加能耗，对于密封电池来说，还会因剧烈分解出氢氧气体而使电池爆炸。如果选择太低，则会使电池经常充电不足而导致电池加速报废。

U_{AB} 是蓄电池的浮充电压，由整流器稳压方式提供（稳压精度必须达到 $\pm 1\%$）；I_c 为蓄电池充电电流，主要是补充蓄电池的自放电；由于蓄电池处于浮充（充足）状态，E_2 和 r_{02} 基本不变。对于开口型电池，因电解液由各使用单位自行配制，故充电开始有所差异。对阀控式密封铅酸蓄电池，出厂时已成为定值，为此有

$$I_c = \frac{U_{AB} - E_2}{r_{02}} = \frac{Q \times \sigma}{24}$$

式中　Q——蓄电池组的额定容量；

　　　σ——电池一昼夜自放电占额定容量的百分比，%。

因此有

$$U_{AB}=E_2+I_c r_{02}=E_2+\frac{Q\times\sigma}{24}r_{02}$$

由此可见，浮充电压应按蓄电池的容量、质量（自放电的多少）而定，而不应千篇一律，照抄国外资料或沿用老资料，特别是阀控式密封铅酸蓄电池，其自放电很小，故可降低浮充电压。

对于阀控式密封铅酸蓄电池，因电解液、隔离板均由厂家出厂时密封为定值，故应增加一个自放电的指标。

2. 低压恒压充电（均衡充电）技术

低压恒压充电即传统的恒压充电法，但其不同点是，低电压恒压充电一般采用每只蓄电池平均端电压为 2.25～2.35V 的恒定电压充电。当蓄电池放出很大容量（Ah）而电势较低时，充电之初为防止充电电流过大，充电整流器应具有限流特性，故仍处于恒流充电状态。当充入一定容量（Ah）后，蓄电池电势升高，充电电流才逐渐减小。这种充电方式由于有以下优点而被推广使用：

（1）充电末期的充电电流很小，故氢气和氧气和产生量极小。它能改善劳动条件、降低机房标准，是全密闭电池适用的充电方式。

（2）充电末期的电压低，对程控电源等允许用电压变化范围较宽的用电设备供电时，可在不脱离负载的情况下进行正常充电，以简化操作，提高可靠性。

（3）整流器的输出电压最大值较小，可减小整流器中变压器的设计重量。

3. 蓄电池浮充电压与温度的关系

应注意的是，在浮充运行中，阀控电池的浮充电压与温度有密切的关系，浮充电压应根据环境温度的高低作适当修正。不同温度下，阀控电池的浮充端电压可通过下式来确定

$$U_t=2.27\text{V}-(t-25℃)\times 3\text{mV}/℃$$

从上式明显看出，当温度低于 25℃ 太多时，若阀控电池的浮充仍设定为 2.27V/℃，势必使阀控电池充电不足。同样，当温度高于 25℃ 太多时，若阀控电池的浮充电压仍设定为 2.27V/℃，势必使阀控电池过充电。

在浅度放电的情况下，阀控电池在 2.27V/℃（25℃）下运行一段时间是能够补充足其能量的。

在深度放电的情况下，阀控电池充电电压可设定为 2.35～2.40V/℃（25℃），限流点设定为 0.1Q，经过一定时间（放电后的电池充足电所需的时间依赖于放出的电量、放电电流等因素）的补充容量后，再转入正常的浮充运行。

4.4.2　蓄电池运行环境技术参数

1. 蓄电池使用环境

（1）使用环境温度范围为 $-15\sim+45℃$。

（2）避开热源和阳光直射场所。

（3）避开潮湿、可能浸水场所。

（4）避开完全密闭场所。

2. 蓄电池使用条件

（1）并联使用。推荐为 3 组以内。

（2）多层安装。层间温度差控制在 3℃ 以内。

（3）散热条件。电池间距保持在 5～10mm 之间。

（4）换气通风条件。保证室内氢气浓度小于 0.8%。

（5）关于电池混用。新旧不同、厂家不同的产品不允许混合使用。

（6）浮充使用条件。限流不大于 $0.25C_{10}$，电压满足电池要求。

（7）最佳环境温度。20～25℃。

3. 蓄电池的安装

（1）开箱及检查。检查蓄电池外观应无损伤；点验配件应齐全；参阅安装图及其注意事项。

（2）安装前注意事项。

1）小心导电材料短接蓄电池正负端子。

2）搬运蓄电池时，不可在端子部位用力，同时避免蓄电池倒置、遭受摔掷或冲击。

3）不准打开排气阀。

4）操作时不能佩戴戒指、项链等金属物，安装铅酸电池时应戴胶手套。

（3）安装及接线。

1）将金属安装工具（如扳手）用绝缘胶带包裹，进行绝缘处理。

2）先进行蓄电池之间的连接，然后再将蓄电池组与充电器或负载连接。

3）多组蓄电池并联时，遵循先串联后并联的接线方式；为保证较好的散热条件，各列蓄电池需保持 10mm 左右间距。

4）连接前后，在蓄电池极柱表面敷涂适量防锈剂。

5）蓄电池安装完毕，测量蓄电池组总电压无误后，方可加载上电。

4. 充放电参数

（1）放电。

1）最大允许放电电流应控制在以下范围之内：放电电流 $I = 3C_{10}$（A），放电时间 $T \leqslant 1\text{min}$；放电电流 $I = 6C_{10}$（A），放电时间 $T \leqslant 5\text{s}$。

2）放电终止保护电压见表 4-3。

表 4-3　　　　　　　　　　　　放 电 终 止 保 护 电 压

放电电流/A	放电终止电压/（V/格）	放电电流/A	放电终止电压/（V/格）
$<0.1C_{10}$	1.9	$\approx 0.25C_{10}$	1.7
$\approx 0.1C_{10}$	1.8	$\geqslant 0.6C_{10}$	1.6
$\approx 0.17C_{10}$	1.8		

（2）充电。

1）浮动充电参数。

a. 充电电压：2.23V/格（25℃）。

b. 最大充电电流：不大于 $0.25C_{10}$。

c. 温度补偿系数：$-4mV/(℃·格)$，以 25℃ 为基点。

2）均衡充电参数。

a. 充电电压：2.35V/格（25℃）。

b. 最大充电电流：不大于 $0.25C_{10}$。

c. 温度补偿系数：$-4mV/(℃·格)$，以 25℃ 为基点。

4.4.3　蓄电池检查诊断及改善方法

蓄电池检查诊断及改善方法见表 4-4。

表 4-4　　　　　　　　　　　蓄电池检查诊断及改善方法

检查项目	状况	发 生 原 因	结 果	改善方法
蓄电池外观	上盖破裂	运送或撞击损坏	电解液干涸，内部气体引燃产生爆炸	更换损坏的蓄电池
	中盖爆裂	电池内部导电路径熔化或短路产生火花引燃蓄电池内部气体（因外来原因所累积的）	爆炸时造成人员伤害和设备损害；无法负荷负载	更换损坏的蓄电池
	蓄电池壳有过热之现象	蓄电池壳破裂电解液流出，接地故障	造成冒烟或蓄电池着火	清除接地故障和更换发热之蓄电池
			造成热失控	
			会释放出硫化氢，电池着火，无法负荷负载	
	蓄电池壳永久性变形（膨胀）	可能因环境温度过高、过充电、充电电流太大、蓄电池短路、接地故障或上述事项的组合所造成的温度失控	臭味是热失控延长的产物	更换蓄电池组，检查导致热失控的环境条件
	端子腐蚀	可能因为制造时残留电解液或电池端子密封漏出的电解液侵蚀了端子	压降过大会缩短放电时间或损坏端子	清洁连接面及端子区并密封涂上抗氧化剂再妥善安装或更换蓄电池
	端子上有熔化的油脂	可能是因为连接松动或由于接触面太脏，或因连接处腐蚀造成的高电阻使接触面发热		如果连接损坏，请清洁连接面重新组装
	放电时间减短（电压平稳下降）	寿命终止	无法负荷负载	更换蓄电池组
	放电时间减短（电压急速下降）	单只电池容量低下	有放电时容量低下的蓄电池，有反相的电压（反相之电压，会使电池发烫，无法充电）	更换容量低下之蓄电池
	电压低下（放电初期电压急速下降）	导线太细	压降过大	更换导线
		高的连接电阻	压降过大	清洁及再安装连接
		蓄电池短路	蓄电池变热，导致热失控；内部火花会导致爆炸	更换短路蓄电池

续表

检查项目	状况	发 生 原 因	结 果	改善方法
蓄电池外观	开路电压低	短路或断路	不能正常使用	更换
		过放电	继续使用会损坏电池	饱和充电
	电压偏高	失水或硫化	容量降低	修复或更换
温度检查	蓄电池温度高	室温升高	会缩短电池寿命及可能引起热失控	改善通风
		蓄电池不良		
	充电电流太大	充电电压过高	会导致热失控	更换充电器
		蓄电池短路		更换短路蓄电池
连接配件检查	阻抗增加到原始值的200%	蓄电池无电或导电通道中极板栅架、活性物质或电解液劣化	会缩短放电时间	充电及再测试蓄电池或更换蓄电池
	配件连接松动	反复充放电循环造成连接的忽冷忽热使连接缩脱，电阻增大	高率放电时松动接街头会使端子发热损坏或熔	依规定重新扭紧连接
	连接配件电阻值较安装初期增加20%	连接处忽冷忽热，以致松脱及接触电阻增加，连接内的污染会导致腐蚀和端子高电阻	高率放电时松脱的连接会造成热损坏或熔融，高率放电时过大的压降，造成放电时间缩短	重新扭紧连接，清除接触面之污染源，用抗氧化剂涂抹接触面再组装

第5章 通信电源监控系统

5.1 通信电源监控系统概述

通信电源监控系统所监控的设备根据接入系统方式的不同，分为非智能设备和智能设备。顾名思义智能设备就是电源本身具有中央控制单元（通常情况下为单片机），能通过 RS-232 或 RS-485/RS-422（前者为电压信号，后两者为电流信号）、以太网、USB 等标准通信接口提供数据输出的电源；非智能设备通常都是旧设备，它仅仅完成自身需要完成的功能，而没有考虑输出监控信号，如以前的交流配电屏。

监控系统数据采集根据不同的电源设备设置若干设备监控单元 SU（监控模块 SM），构成若干相对独立的数据采集系统。这些数据采集子系统通常包括了高压室、变压器室、低压室、油机室、电力室和电池室等全部电源设备，以及空调设备和环境条件。智能设备的监控模块本身自行构成数据采集子系统。

通信电源监控系统是通信电源系统的控制、管理核心，它使人们对通信电源系统的管理由烦琐、枯燥变得简单、有效。通常其功能表现在以下三方面：

（1）电源监控系统可以全面管理电源系统的运行、方便地更改运行参数，对电池的充放电实施全自动管理，记录、统计、分析各种运行数据。

（2）当系统出现故障时，它可以及时、准确地给出故障发生部位，指导管理人员及时采取相应措施、缩短维修时间，从而保证电源系统安全、长期、稳定、可靠地运行。

（3）通过"遥测、遥信、遥控"功能，实现电源系统的少人值守或全自动化无人值守。

具体而言，通信电源集中监控管理系统的功能可以分为监控功能、交互功能、管理功能、智能分析功能以及帮助功能。本章从系统出发，全面介绍了 PS 系列电源监控的结构、特点、功能及使用方法，并分别介绍了集散式监控系统的原理及构成、集中式监控系统的原理。

5.2 通信电源监控系统组成

1. 交流配电单元监控

检测三相交流输入电压值是否过高过低、有无缺相、有无停电、电流值等情况，另外，还可以监控交流接触器的工作状态，可以区分市电是主用回路供电还是备用回路供电情况，以及防雷器的工作状态等。

2. 整流模块监控

监测整流模块的输出直流电压、各整流模块电流及总电输出电流，各整流模块开关机控制、整流模块限流、均浮状态控制和整流模块散热风扇控制等。

整流模块一般有两种设定的电压：浮充电压和均充电压。日常以输出浮充电压为主，在浮充了一段时间或因蓄电池组放出电量后，需要自动转入均充电压，同时浮充与均充可以进行手动切换。

3. 蓄电池组监控

监测蓄电池组总电压、充电电流、放电电流，蓄电池单体电压，蓄电池组均充周期控制、均充时间的控制、均浮转换控制、温度补偿控制等。周期均充是指系统根据用户的设定周期和均充的时间自动对蓄电池均充充电；而快充是指停电后，放电达到一定程度又来电，自动对蓄电池组进行充电管理的控制。

集散式监控系统的总体结构框图如图 5-1 所示。系统采用三级测量、控制、管理模式。最高一级为电源监控后台，电源监控后台通过 RS-232 或 RS-485 及 MODEM 通信方式与电源系统的监控模块连接；电源系统监控模块构成电源监控系统的第二级监控；电源监控系统的第三级监控由各整流模块内的监控单元、交流配电监控单元和直流配电监控单元等组成。

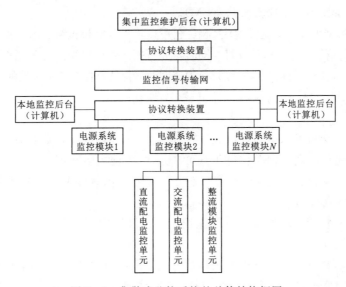

图 5-1　集散式监控系统的总体结构框图

电源系统监控模块通过 RS-485 接口与直流配电监控单元、交流配电监控单元和各整流模块监控单元的 RS-485 接口并联连接在一起。直流配电、交流配电、整流模块内部的监控单元均采用单片机控制技术，它们是整个监控系统的基础，直接负责监测各部件的工作信息并执行从上级监控单元发出的有关指令，如上报有关部件工作信息，完成对部件的功能控制。

5.3　通信电源监控系统功能

5.3.1　监控功能

监控器主要实现对开关电源体系统的信息查询、参数置、系统控制、告警处理、电池管理和后台通信等功能。

5.3.2　监控对象

（1）监控对象按用途可分为电源系统和环境系统两大类。电源系统是监控的主要对象，包括高压配电设备、变压器、低压配电设备、备用发电机组、UPS、逆变器、整流配电设备、蓄电池组、直流—直流变换器等；环境系统包括机房温度、湿度、烟感、水浸、门禁、空调运行情况等。

（2）监控对象按其本身的特性可分为智能设备和非智能设备。其中智能设备本身能采集和处理数据，并带有智能通信接口（RS-232、RS-422/RS-485），可直接或通过协议转换的方式接入监控系统，如智能高频开关电源系统等，一般每台智能设备作为一个监控模块（SM）。而非智能设备本身不能采集和处理数据，没有智能通信接口，如低压交流配电屏、蓄电池组等，需要通过数据采集控制设备（数据采集器）才能接入监控系统，每个数据采集控制设备作为一个监控模块（SM）。

非智能设备数据采集采用监控模块 SM，它可以接入各类模拟量、数字量，并负责转换到计算机能够识别的信号，提供给计算机；同时，亦可接入智能设备，对智能设备的处理采用开放式的软接口方式，通过与被监控智能设备的透明通信保证监控系统永久性的可靠运行。

5.3.3　监控量

（1）遥测量。交流输入电压、电流（可选），直流母线电压，负载总电流，模块电流，蓄电池组电压、电流，蓄电池单体电压（可选）、蓄电池内阻（可选）等。

（2）遥信量。交流输入过压、欠压、失压，缺相，高频开关整流模块故障，过热，负载、电池分断状态等。

（3）遥控量。整流模块输出电流限流控制；整流模块开启、关停控制；整流模块均、浮充控制。

（4）遥调量。整流模块的输出电压；蓄电池充电限流调整；电池温度补偿参数设置。

根据国家电网公司 Q/GDW 11442—2020《通信电源技术、验收及运行维护规程》规定，在机房环境监控中还可以根据需要设置遥视点，同时遥控、遥调等监控量一般不做要求。

5.3.4　各监控单元及其功能

1. 整流模块监控单元

（1）测量整流模块的运行参数，并通过 RS-485 接口传送给电源系统的监控模块进行信息处理。

（2）接收监控模块发来的对整流模块的各种控制命令并具体完成。具体来说，测量的模拟量包括整流模块的输出电压和输出电流；采集的报警量有交流输入过低报警、交流输入过高报警、电压不平衡报警、模块过热报警、输出电压过低报警、输出电压过高报警、输出过流报警；对整流模块的控制包括均充、浮充控制，限流点的改变，整流模块的开启和关停以及调节整流模块电压升降等。

整流模块监控单元的基本原理框图如图 5-2 所示。

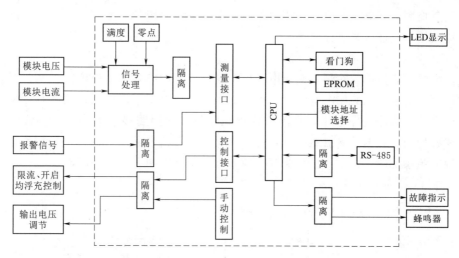

图 5-2 整流模块监控单元的基本原理框图

模拟量测量采用零点和满度自校准方式,当工作温度改变或工作时间增长引起测量电路参数改变时,仍能保证测量数据的准确性。

2. 直流配电的监控单元

直流屏监控单元的主要功能如下:

(1) 测量直流屏的各种参量及故障报警信息,并给出声、光报警。

(2) 通过 RS-485 接口将其监测到的各种参量和故障报警信息传送给电源系统的监控模块,作为监控模块管理电源系统的重要依据。

直流屏监控单元原理框图如图 5-3 所示。直流屏监控单元测量的模拟量主要有系统输出总电流、系统输出总电压、两组蓄电池组充放电电流。采集的报警量有各直流配电输出熔断器通断状态、两组蓄电池熔断器通断状态、蓄电池充电电流过大预报警、蓄电池充

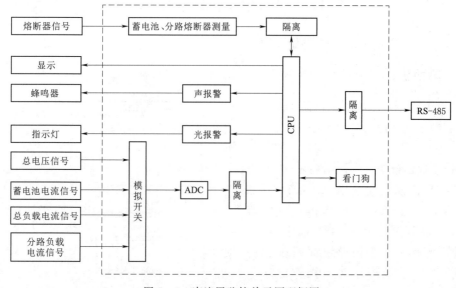

图 5-3 直流屏监控单元原理框图

电电流紧急报警、蓄电池电压欠压预报警、蓄电池电压欠压紧急报警、蓄电池电压过压预报警、蓄电池电压过压紧急报警等。

3. 交流配电的监控单元

交流配电的监控单元除测量交流电压外，还要检测空气开关是否跳闸、防雷器是否损坏等。同时对电网出现的如电网停电、电网电压过高、电网电压过低，给出具体指示，并发出声光报警。当电网停电时，交流监控单元还将接通照明接触器，以提供紧急照明用电。上述各种交流数据及参量通过 RS-485 接口传送给监控模块，作为监控模块全自动管理、控制电源系统的依据之一。交流屏监控单元原理框图如图 5-4 所示。

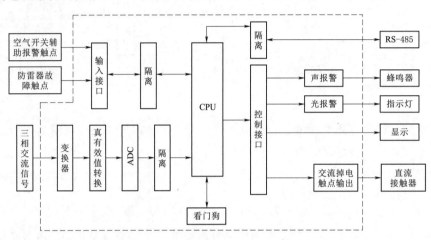

图 5-4　交流屏监控单元原理框图

交流信号转变为直流信号采用的是真有效值转换器，即无论交流信号有何种畸变，最终测量的结果仍然保证是有效值。

5.4　典型通信电源监控单元

本节以 M500D 监控模块为例做介绍。

5.4.1　前面板

M500D 监控模块前面板上有背光液晶显示屏、操作键、指示灯和把手，如图 5-5 所示。

监控模块面板指示灯说明见表 5-1。

M500D 监控模块采用 128×64 液晶显示单元，有 6 个功能操作键，界面有中/英文选择（能显示 8×4 个汉字），用户界面简单有效。监控模块面板很容易拆卸和更换。监控模块面板操作键功能说明见表 5-2。

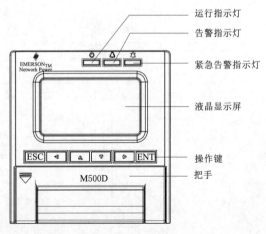

图 5-5　M500D 监控模块前面板图

表 5 - 1　　　　　　　　　　　　**监控模块面板指示灯说明**

指示标识	正常状态	异常状态	异 常 原 因
运行指示灯（绿色）	亮	灭	无工作电源
告警指示灯（黄色）	灭	亮	有一般告警
紧急告警指示灯（红色）	灭	亮	电源系统有严重告警和紧急告警出现

表 5 - 2　　　　　　　　　　　　**监控模块面板操作键功能说明**

按键标识	按键名称	功　　　能	
ESC	返回键	返回上级菜单	同时按下 ESC 和 ENT 键，监控模块上电复位
ENT	确认键	进入子菜单或者确认操作。任一设置被修改后，需按 ENT 键进行确认才能生效	
▲	上键	按上或下键可在平级菜单或参数项之间移动光标	当参数的选值由多位需分别设置的字符串类型时，按左右键在字符串的各位之间移动光标，按上或下键可改变每位的选值
▼	下键		
◀	左键	在设置参数的选项时，按左或右键可改变选项值；在系统信息屏首屏，可用于调节液晶的对比度	
▶	右键		

5.4.2　后面板

　　M500D 监控模块后面板采用专用的输入、输出一体化插座，如图 5 - 6 所示。

　　安装时，只要直接插入艾默生电气公司电源系统机柜相应的监控模块插槽即可，可热插拔。M500D 监控模块通过电源系统机柜内部的信号转接板 W74C5X1 直接采集交直流配电单元信号，输出控制信号；并通过信号转接板上的 RS - 485 接口与全部整流模块通信，获取各个整流模块的信息。

　　M500D 监控模块采用电总协议，注意波特率的设置与要求一致。M500D 监控模块同时支持铁道部通信协议，注意波特率的设置与要求的波特率一致。

　　M500D 监控模块可以同时支持后台 RS - 232、MODEM 通信方式，并提供 8 对告警输出干接点。监控模块装入系统后，相应接口位于机柜内部的信号转接板 W74C5X1 板上。W74C5X1 接口如图 5 - 7 所示，其接口功能见表 5 - 3。

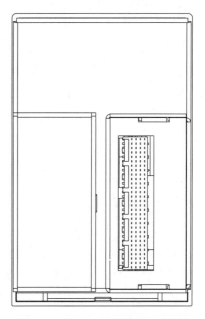

图 5 - 6　M500D 监控模块后面板图

表 5 - 3　　　　　　　　　　　　**接　口　功　能**

接口	定　义	接口	定　　义
J10、J11	温度传感器接口	J13	RS - 232 接口（可连接 MODEM 传输数据，或连接便携电脑）
J16	网口	J18	强制下电

接口	定义	接口	定 义
J19	自动	J22	提供 MODEM 48V 电源
J23	交流停电	J24	直流欠压
J25	模块故障	J26	蓄电池保护
J27	负载下电	J28	负载支路断
J29	电池非浮充状态	J30	自定义

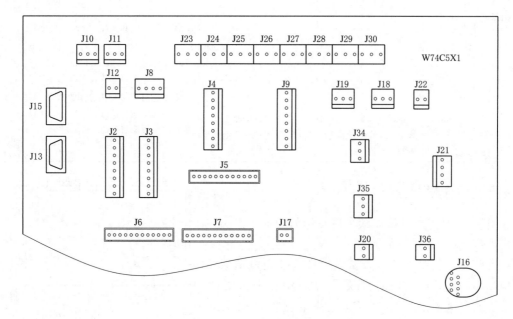

图 5-7 W74C5X1 接口示意图

5.4.3 主要功能

1. 显示与设置功能

M500D 监控模块能显示电源系统的各项运行参数、运行状态、告警状态、设置参数及控制参数，主要内容见表 5-4 和表 5-5。

表 5-4   M500D 监控模块显示的实时监测量

信息类别	显 示 内 容	备 注
交流信息	单相电压或三相电压	根据系统类型显示单相电压或三相电压
直流信息	直流电压、负载总电流、蓄电池组 1 电流、蓄电池组 1 剩余容量、蓄电池组 2 电流、蓄电池组 2 剩余容量、均充提示信息、蓄电池温度、环境温度	根据分流器设置对应显示一组或者两组蓄电池电流和剩余容量
模块信息	输出电压、输出电流、交流输入电压、交直流开关状态、模块 ID、限流点、限功率状态	

表 5 – 5   **M500D 监控模块的设置量表**

信 息 类 别		显 示 内 容
交流参数		过压告警、欠压告警、缺相告警、交流输入
直流参数		过压告警、低压告警、欠压告警、环境高温告警、环境低温告警、负载分流器、负载分流器系数
模块参数		模块过温、默认电压、输出缓启动允许、输出缓启动时间、风扇运行速度、过压重启动时间
蓄电池参数	蓄电池基本参数	管理方式、蓄电池组数、标称容量、蓄电池名称、蓄电池分流器、分流器系数
	充电管理参数	浮充电压、均充电压、限流点、过流点、自动均充允许、定时均充允许、定时均充周期、转均充电流、转均充容量、稳流均充电流、稳流均充时间、均充保护时间
	下电保护参数	负载下电允许、电池保护允许、负载下电方式、负载下电电压、电池保护电压、负载下电时间、电池保护时间
	蓄电池温补参数	温补中心点、温补系数、过温保护、高温告警、低温告警
	蓄电池测试参数	测试终止电压、测试终止时间、测试终止容量、定时测试允许、定时测试时间、快速测试告警点、快速测试允许、快速测试周期、快速测试时间、恒流测试允许、恒流测试电流
系统参数		本机地址、语言、通信方式、波特率、回叫次数、回叫号码、日期、时间、密码重置、系统重置、系统类型、修改密码、控制告警音、序列号、软件版本、下载允许
告警参数		告警类型、级别、关联继电器、开关量序号、告警方式、设开关量名、开关量名称、清除历史告警、阻塞当前告警

2. M500D 电池自动管理功能

M500D 监控模块可根据用户设定的数据（如充电限流值、均浮充转换电流值等）调整电池的充电方式、充电电流，并实施各种保护措施（如充电限流、浮充温度补偿等）。

3. 控制功能

M500D 监控模块可根据系统的运行状态对被监控对象发出相应的动作指令。监控模块支持手动和自动两种电池管理方式。

（1）在手动方式下，控制动作主要包括：蓄电池组的均充/浮充/测试，蓄电池组的上电/下电；负载的上电/下电；整流模块的模块调压、模块限流、开直流/关直流/开交流/关交流/复位。

（2）在自动方式下，能自动完成所有蓄电池管理的功能，然后系统能够自动控制蓄电池放电过程，并根据设定条件结束放电测试，转入蓄电池自动管理，然后根据蓄电池容量状况对蓄电池进行均浮充管理。同时将测试的起始时间、电压，中止时间、电压以及蓄电池放电容量值记录到蓄电池测试记录中。测试记录需要后台维护软件从监控模块中获得。

当系统直流欠压告警时系统能够转为自动工作方式管理，防止手动误控制导致系统异常。同时在实际工作中，根据国家电网公司 Q/GDW 11442—2020《通信电源技术、验收及运行维护规程》规定当交流输入失电时，不采用蓄电池下电保护、负荷下电保护功能。

4. 告警与告警处理

（1）M500D 监控模块处理的主要告警类型。M500D 监控模块可根据采集到的数据对系统故障进行声光报警，并对告警进行记录，产生相应的动作，同时能上报到后台主机。告警类型见表 5-6。

表 5-6　　　　　　　　　　M500D 监控模块处理的告警类型

故障类型	告　警　名　称
交流配电故障	交流输入空开跳、防雷器故障、交流输入过压、交流输入欠压、交流停电、交流缺相
直流配电故障	直流过压、直流欠压、环境温度低、环境温度高、蓄电池保护、负载支路断、负载下电、蓄电池支路断、蓄电池充电过流、蓄电池测试异常、蓄电池过温
模块异常	模块保护、模块故障、模块通信中断、模块交流停电、模块温度过高、模块限功率、模块风扇故障
系统告警	监控故障、DC—DC 故障、非均充状态、手动状态、系统保养时间到

（2）告警记录功能。用户可查阅历史告警记录和当前告警记录，历史告警记录包括告警类型名、发生时间、结束时间（结束时间通过后台维护软件获得），当前记录中则只有告警类型名和发生时间，显示顺序按发生时间的先后来显示。历史告警记录按循环存储方式保存，最多 200 条，超出 200 条则自动清除最旧的告警记录。

（3）声光告警及告警回叫。在设有监控后台的电源系统中，当系统发生紧急告警时，监控模块通过 MODEM 向监控后台发出告警信息，申请后台计算机立即处理故障。用户可设置回叫电话号码。

在 M500D 监控模块上，可根据用户的需要，将每一种告警类型设置为相应的告警级别。针对不同告警级别的告警事件，监控模块有不同的声光告警方式和告警回叫方式，见表 5-7。

表 5-7　　　　　　　　　　监控模块声光告警及告警回叫说明

告警级别	告警红灯	告警黄灯	告警喇叭	告警回叫	备注
紧急告警	开	—	开	是	设置回叫
重要告警	开	—	开	是	设置回叫
一般告警	—	开	关	否	
不告警	关	关	关	否	

在我国市场，紧急告警和重要告警的告警方案相同。

按监控模块任意键，告警消音。如果告警原因消除、恢复正常，告警消音；如果所有告警都恢复，告警灯熄灭。

5. 采用多种方式与后台进行通信

M500D 监控模块通过电源系统的信号转接板提供 RS-232/MODEM 通信接口和 8 组告警干接点输出，用于与后台监控进行通信。

使用通信接口时，M500D 监控模块采用电总协议并同时支持 EEM 协议，但使用时注意收、发双方波特率的设置要一致。

（1）RS-232 通信方式。RS-232 方式主要用于近距离端对端连接，电气距离不超过 15m。一般连接到用户计算机的 RS-232 串口。

（2）MODEM 和 EEM-M 通信方式。MODEM 和 EEM-M 通信方式利用公用电话网（PSTN）实现远距离监控，MODEM 采用电总协议，EEM-M 通信方式采用 EEM 协议。该方式需要配备 MODEM 与相关电源电缆及通信电缆。

（3）干接点输出方式。M500D 监控模块通过信号转接板提供 8 组告警干接点输出，每组分为常开/常闭触点。在告警事件发生前，事先对每个干接点进行配置，将不同的干接点分别对应为某个告警类型或某组按逻辑关系构成的告警类型组。这样，一旦这个告警事件或满足逻辑关系的一组告警事件发生时，干接点将动作，向外界发出告警。

如果用户有其他智能监控，可以将告警干接点接入其智能监控设备的接口上，方便地进行干接点组网，完成故障信号的电平隔离传送。

干结点容量：2A@30V(DC)；0.5A@125V(AC)。最大功耗为 60W。

6. 三遥功能

在 RS-232 和 MODEM 通信方式中，后台主机可通过 M500D 监控模块对电源系统实现三遥功能。

（1）遥测功能。后台主机可通过 M500D 监控模块获取系统的实时模拟量。

（2）遥信功能。后台主机可通过 M500D 监控模块获取系统的实时开关量。

（3）遥控功能。后台主机可实现模块开关机/复位/调压、系统均充/浮充/测试转换、系统控制方式切换、告警消音等功能。

7. 干接点对应输出的告警类型可以灵活设置

（1）通过设置告警类型的告警参数的"关联继电器"参数，可以将某一告警类型与某一干接点对应起来，一旦这个告警事件发生时，对应的干接点将动作，向外界发出告警。出厂时，8 对告警输出干接点都有默认输出的告警类型。

（2）M500D 监控模块具有可编程逻辑控制器（PLC）功能，可以通过计算机对监控模块的 8 个干接点对应的告警类型灵活设置，每一个干接点的 PLC 设置包括三个输入告警，两个关系标志，即需要设置三个告警类型的序号以及相互之间逻辑关系，逻辑关系包括"与""或""非"。

（3）PLC 功能可以设置为关闭，如果 PLC 功能和关联继电器设置方式同时有效，在任一种方式设置下告警类型发生时，相应干接点都动作，向外界发出告警。

8. 重要操作设置密码保护

用户必须输入正确密码后才有权对监控模块进行输出控制和参数设置。监控模块有三个不同操作权限的密码，即用户级密码、工程师级密码、管理员级密码，它们在执行输出控制的权限是一样的，但在进行参数设置中的系统参数设置时，所能设置的参数或操作的功能不一样，工程师级比用户级多出"重置系统、重置密码、修改系统类型"操作屏，管理员级比工程师级多出"修改密码、控制告警音"操作屏，同时还可以查阅模块的序列号、软件版本和设置开关状态参数。M500D 监控模块密码说明见表 5-8。

表 5 - 8   **M500D 监控模块密码说明**

密码级别	操 作 权 限	默认密码
用户级	所有控制输出操作，设置参数时无"重置系统、重置密码、修改系统类型"操作屏，无"修改密码、控制告警音"操作屏	1
工程师级	用户级所有权限，设置参数时有"重置系统、重置密码、修改系统类型"操作屏，无"修改密码、控制告警音"操作屏	2
管理员级	工程师级所有权限，设置参数时有"重置系统、重置密码、修改系统类型"操作屏，有"修改密码、控制告警音"操作屏，能查阅监控模块的制造序列号、软件版本和内部的设置开关状态	640275

第6章　通信电源防雷和接地

6.1　通信电源防雷基本原理

6.1.1　雷电的产生及原理

6.1.1.1　雷电的产生

雷电是一种自然现象，其物理成因仍处于探索阶段，比较流行的观点是起电学说。

根据这种学说，雷电源于异性电荷群体间的起电机制。这里所说的电荷群体既可以是带大量正、负极性电荷的雷云，也可以是附有大量感应电荷的大地或物体表面。由于异性电荷群体间存在着电场，当电荷量增大或电荷间距缩小时，电场强度将增大，若场强增大到超过空气的击穿场强（一般为 $500\sim600\text{kV/m}$）后，就会发生大气放电现象，伴随着强烈的光和声音，这便是人们常说的电闪雷鸣。

6.1.1.2　雷电参数

1. 雷电流波形

雷电流是一个非周期的微秒级（μs）瞬态电流，常用波头时间/波长时间来表示，雷电流波形如图 6-1 所示。波头时间是指雷电波从始点到峰值的时间，波长时间是指从始点经过波峰下降到半峰值的时间。必须注意的是，雷电流在导线上传输后，由于受到传播特性的影响，其波头时间和波长时间都将变长。

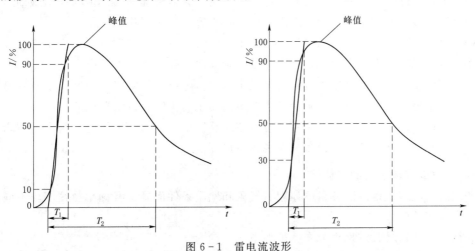

图 6-1　雷电流波形

在 IEC 标准、国标及原邮电部通信电源入网检测细则中规定的模仿雷电波形有 10/350μs 电流波、8/20μs 电流波、1.2/50μs 电压波或 10/700μs 电压波等。这里的 10/350μs

电流波是指波头时间为 $10\mu s$、波长时间为 $350\mu s$ 的冲击电流波；余下类同。

2. 雷电流峰值

雷电流峰值的单位为 kA，其数值一般以统计概率形式给出。若以 $P(i)$ 表示雷电流超过 i 的概率，则有

$$P(i) = e^{-bi}$$

式中　b——统计常数，在我国大部分地区 $b = 0.021\mathrm{kA}^{-1}$，在西北、内蒙古、西藏及东北边境等少雷地区，可取 $b = 0.042\mathrm{kA}^{-1}$。

表 6-1 给出了我国雷电流峰值概率，$1 - P(i)$ 即表示雷电流不大于 i 的概率。

表 6-1　　　　　　　　　我国雷电流峰值概率表（$b = 0.021\mathrm{kA}^{-1}$）

i/kA	10	20	50	100	150	200
$P(i)/\%$	81.1	65.7	35.0	12.2	4.3	1.5
$[1-P(i)]/\%$	18.9	34.3	65.0	87.8	95.7	98.5

3. 年雷暴日数和年雷暴时数

雷暴日数是一个气象统计数，它规定为若 24h 内凭听觉听到一次以上的雷声称为一个雷暴日。某地区在一年中所记录到的雷暴日数就作为该地区的年雷暴日数。

年雷暴时数的概念与年雷暴日数类似，它更能反映某地区落雷的频度。

年雷暴日数和年雷暴时数是衡量雷害程度的主要参数，一般在当地的气象部门保存有记录数据。

6.1.1.3　雷击种类

我国的雷种主要有直击雷、球雷、感应雷和雷电侵入波四种。

（1）直击雷。直击雷是雷电与地面、树木、铁塔或其他建筑物等直接放电形成的，这种雷击的能量很大，雷击后一般会留下烧焦、坑洞，突出部分被削掉等痕迹。

（2）球雷。球雷是一种紫色或灰紫色的滚动雷，它能沿地面滚动或在空中飘动，能从门窗、烟囱等孔洞缝隙窜入室内，遇到人体或物体容易发生爆炸。

（3）感应雷。感应雷是指感应过压。雷击于电线或电气设备附近时，由于静电和电磁感应将在电线或电气设备上形成过电压。没听到雷声，并不意味着没有雷击。

（4）雷电侵入波。雷电侵入波是雷电发生时，雷电流经架空电线或空中金属管道等金属体产生冲击电压，冲击电压又随金属体的走向而迅速扩散，以致造成危害。

危害通信电源的雷击大部分是雷电侵入波或感应雷。若通信电源遭直击雷或球雷，安装在附近的其他电气（电信）设备一般也将被损坏。

6.1.1.4　我国雷暴活动的特征

各国的雷电多发地区随各自的地貌、气象和地质条件而异。我国幅员辽阔，不同地区的雷电活动相差较大。

我国平均年雷暴日的地理分布特征如下。

东经 $105°$ 以东地区的平均年雷暴日具有随纬度减小而递增的趋势，这种趋势在长江以北地区不显著，而在长江以南地区却较为明显。海南省平均年雷暴日一般大于 100d，其中部可超过 120d，这是我国平均年雷暴日最高的地区。东南沿海地区的平均年雷暴日数偏低

于同纬度离海岸稍远地区的数值，而小岛屿的平均年雷暴日数又偏低于同纬度沿海地区的数值。这种趋势在纬度较高时不明显，反之亦然。

西北广大地区，因气候干旱，平均年雷暴日较低，一般不超过 20d，其中新疆准噶尔盆地古尔班通古特沙漠、塔里木盆地塔克拉玛干沙漠和青海柴达木盆地等广大地区的平均年雷暴日数低于 10d，青海冷湖地区仅 2d。但是，新疆西北角山区的平均年雷暴日数一般可达 20～50d，其中昭苏则高达 91d。

西南大部分地区，由于地势较高、地形起伏较大，其平均年雷暴日数为 50～80d，往往高于同纬度其他地区的数值。如青藏高原和云贵高原西部等山区，其平均年雷暴日数比同纬度内陆地区的数值约偏高 20～40d。

江湖流域、河谷平原及河谷盆地等地区的平均年雷暴日往往偏低于同纬度其他地区的数值。如洞庭湖和湘江流域，地势低洼、平坦的四川盆地，以及西藏东南角雅鲁藏布江流域等地区的年雷暴日均偏低于同纬度其他地区的数值。这主要是因这些地区受水面影响，使春末至初秋近地层气温偏低，不利于形成可产生强烈对流运动的不稳定层结，从而使平均年雷暴日偏低。

由此可见，我国平均年雷暴日数具有南方多于北方，山地多于平原，内陆多于沿海地区、江湖流域，以及潮湿地区多于干旱地区的地理分布特征。但是，由于雷暴时数与雷暴发生次数和雷暴持续时间有关，因此平均年雷暴时数与平均年雷暴日数在地理分布上尚存在一些差异。

6.1.2 通信电源的防雷

6.1.2.1 通信电源的动力环境

通信电源的典型动力环境如图 6-2 所示。交流供电变压器绝大多数为 10kV，容量从 20kVA 到 2000kVA 不等。220V/380V 低压供电线短则几十米，长则数百上千米乃至几十千米。市电油机转换屏用于市电和油机自发电的倒换。交流稳压器有机械式和参数式两种，前者的响应时间和调节时间均较慢，一般各为 0.5s 左右。

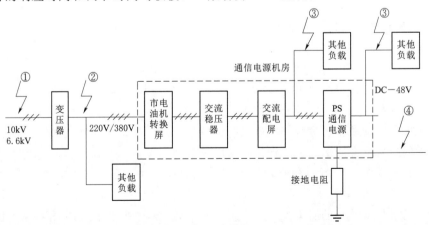

图 6-2　通信电源的典型动力环境

6.1.2.2　雷击通信电源的主要途径

雷击通信电源的主要途径如图 6-3 所示，主要有以下几种：

（1）变压器高压侧输电线路遭直击雷。雷电流经变压器→380V 供电线→…→交流屏，最后窜入通信电源。

（2）220V/380V 供电线路遭直击雷或感应雷。雷电流经稳压器→交流屏等窜入通信电源。

（3）雷电流通过其他交、直流负载或线路窜入通信电源。

（4）地电位升高反击通信电源。例如，为实现通信网的"防雷等电位连接"，现在的通信网接地系统几乎全部采用联合接地方式。这样当雷电击中已经接地的进出机房的金属管道（电缆）时，很有可能造成地电位升高。若这时交流供电线通信电源的交流输入端子对机壳的电压 u_P 近似等于地电位。雷电流一般在 10kA 以上，故 u_P 一般为几万伏乃至几十万伏。显然，地电位升高将轻而易举地击穿通信电源的绝缘。

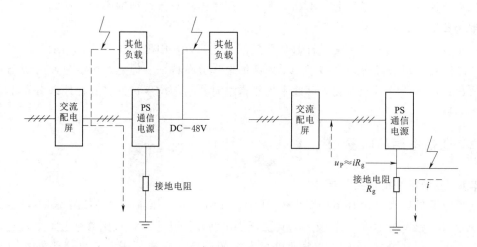

图 6-3　雷击通信电源的主要途径

6.1.2.3　通信电源动力环境的防雷

1. 对通信电源防雷应有的认识

通信局（站），尤其是微波站和移动基站，因雷击而造成设备损坏、通信中断是常有的事情，其中雷电通过电力网和通信电源而造成设备损坏或通信中断的又占有较大的比例。因此，对通信电源的防雷要有足够正确的认识。

首先，任何一项防雷工程都必须兼顾防雷效果和经济性，是概率工程。对防雷的设计越高，所需的投资就会成倍增长。即便不考虑经济性，设计上非常严格的防雷工程也不能保证百分之百不受雷击。例如，著名的美国肯尼迪航天中心（KSC）也发生过数次雷击事故。

其次，通信局（站）的防雷是一项系统工程，通信电源防雷只是这项系统工程的一部分。理论研究和实践都表明：若这项防雷系统工程的其他部分不完备，仅单纯对通信电源防雷，其结果是既做不好通信局（站）内其他设备的防雷，又会给通信电源留下易受雷击损坏的隐患。这是因为雷电冲击波的电流/电压幅值很大，持续时间又极短，企图在某一位置、靠一套防雷装置就解决问题是目前科技水平所无法实现的。根据国际电工委员会标准 IEC 664 给出的低压电气设备的绝缘配合水平，对雷电或其他瞬变电压的防护应分 A、B、C…多级来实现，如图 6-4 所示。耐受雷击指标的波形为 1.2/50μs，参照标准为 IEC 664 和 GB 331.1—83。

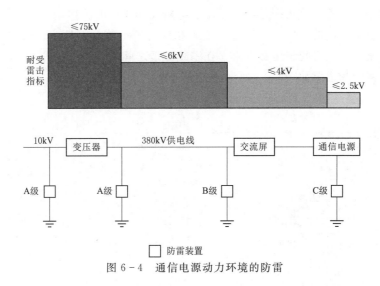

图 6-4   通信电源动力环境的防雷

我国的通信行业标准也对变压器、220V/380V 供电线、进出通信局（站）的金属体和通信局（站）机房等的防雷措施作出了相应规定。若不按这些规定采取相应的 A 级和 B 级防雷措施，变压器高压侧避雷器的残压将直接加到电源防雷器上，这是非常危险的。

2. PS 通信电源的防雷

（1）压敏电阻和气体放电管。这是两种常用的防雷元件。前者属限压型，后者属开关型。

压敏电阻属半导体器件，其阻抗同冲击电压和电流的幅值密切相关，在没有冲击电压或电流时其阻值很高，但随幅值的增加会不断减少，直至短路，从而达到钳压的目的。目前用在 PS 通信电源交流配电部分的压敏电阻有：OBO 防雷器中可插拔的 V20-C-385，其最大持续工作电压 AC385V，最大通流量 40kA，白色；SIEMENS 公司的 SIOV-B40K385 和 SIOV-B40K320，其最大持续工作电压分别为 AC385V 和 AC320V，最大通流量 40kA，块状，蓝色；德国德和盛电气有限公司（DEHN）的 385 氧化锌压敏电阻型浪涌保护器（Dehnguard 385），最大持续工作电压 AC385V，最大通流量 40kA，红色。

目前用在整流模块内的压敏电阻主要是 SIEMENS 公司的 S20K385、S20K320 和 S20K510，最大通流量为 8kA，最大持续工作电压分别为 AC385V、AC320V 和 AC510V，圆片状，蓝色。

压敏电阻的响应时间一般为 25ns。

与压敏电阻不同，气体放电管的阻抗在没有冲击电压和电流时很高，但一旦电压幅值超过其击穿电压就突变为低值，两端电压维持在 200V 以下。以前没有用到气体放电管，现用于新防雷方案中，其击穿电压是 DC600V，额定通流量为 20kA 或 10kA。

（2）PS 通信电源的防雷措施。新的电源防雷方案严格依照 IEC 664、IEC 364－4－442、IEC 1312 和 IEC 1643 标准设计和安装，出厂时均为两级防雷。对个别雷害严重、动力环境防雷不完备或其他特殊要求的用户，完全可以帮助其设计和安装 B 级防雷装置，构成先进的三级防雷体系。

新方案同老方案的主要区别是：①在压敏电阻和气体放电管前均串联有空气开关或保险丝，能有效防止火灾的发生；②不是在三根相线对地、零线对地之间直接装压敏电阻，而是在三根相线对零线之间装压敏电阻，在零线对地之间装气体放电管。

新防雷方案接线示意如图 6－5 所示。

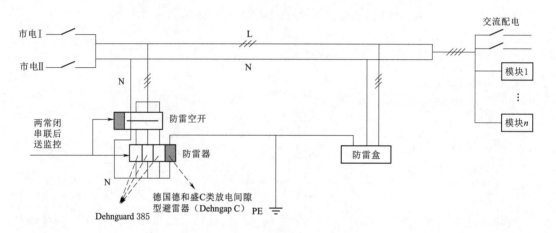

图 6－5　新防雷方案接线示意图

同 OBO 防雷器类似，Dehnguard 385 也可监控，也有正常为绿、损坏变红的显示窗。Dehngap C 无报警功能，无显示窗。防雷盒上有指示灯，正常时发绿光，损坏后熄灭。防雷器或防雷盒出现故障后，必须及时维修。

（3）防雷及浪涌保护。PS48300/1800 系统具有完善的交、直流防雷措施，电源系统内部已经配置有交流侧防雷器（Ⅱ/C 级）和直流侧防雷器。当用户需要更高指标的交流侧防雷性能时，则需要在交流市电引入电源系统前加装Ⅰ/B 级防雷器，其冲击通流容量至少应达到 60kA。Ⅰ/B 级防雷器安装及系统接地示意如图 6－6 所示。

建议Ⅰ/B 级防雷器与电源交流配电柜之间的电缆引线长度满足如下规定：如Ⅰ/B 级防雷采用限压型防雷器，则二者之间的电缆线距离应不小于 5m；如Ⅰ/B 级防雷采用开关型防雷器，则二者之间的电缆线距离应不小于 10m。从Ⅰ/B 级防雷器安装地点到电源交流配电柜之间的电缆要求为室内电缆，以确保这段电缆不会遭受直接雷击。用户在安装Ⅰ/B 级防雷器时，应注意连接到Ⅰ/B 级防雷器上的电缆线径和长度，导线线径应不小于 16mm²，导线长度以越短越好为原则，Ⅰ/B 级防雷器的接地线更应如此。

PS48300/1800 系统的直流侧也有防雷措施，能满足 YD/T 5098—2001 的要求，用户一般无须另行设计直流侧防雷措施。

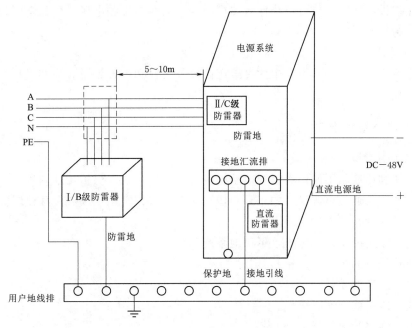

图 6-6 Ⅰ/B 级防雷器安装及系统接地示意图

6.2 通信电源接地系统

6.2.1 电源设备接地系统的必要性

接地系统是通信电源系统的重要组成部分，它不仅直接影响通信的质量和电源系统的正常运行，还起到保护人身安全和设备安全的作用。

在通信局站中，接地技术牵涉到各个专业的通信设备、电源设备和房屋建筑等方面。本章主要研究通信电源设备接地技术问题，至于房屋建筑避雷防护等接地要求，则应遵照相关专业的规定。

在通信局站中，通信和电源设备由于以下原因需要接地。

1. 保护接地

将通信设备的金属外壳和电缆金属护套等部分接地，以减小电磁感应，保持一个稳定的电位，达到屏蔽的目的，减小杂音的干扰。

磁场可能在电缆中感应出相当大的纵向电压，由于在电路中某些点上的不对称性，这种纵向电压会形成横向的杂音电压，故只有当电缆的金属护套是接地时，可以减少感应电压。

将电源设备中不带电的金属部分接地或接零，以免产生触电事故，保护维护人员人身安全。另外，为了防止电子设备和易燃油罐等受静电影响而需要接地。

2. 交流三相四线制中性点接地

在交流电力系统中，将三相四线制的中性点接地，并采用接零保护，以便在发生接地

71

故障时迅速将设备切断。也可以降低人体可能触及的最高接触电压，降低电气设备和输电线路对地的绝缘水平。

3. 防雷接地

为了避免由于雷电等原因产生的过电压而危及人身和击毁设备，应装设地线，让雷电流尽快地入地。

6.2.2　接地系统的分类

1. 直流接地系统

按照性质和用途的不同，直流接地系统可分为工作接地和保护接地两种：工作接地用于通信设备和直流通信电源设备的正常工作；而保护接地则用于保护人身和设备的安全。

下列部分接到直流接地系统上：

（1）蓄电池组的正极或负极（不接地系统除外）。

（2）通信设备的机架。

（3）总配线架的铁架。

（4）通信电缆的金属隔离层。

（5）通信线路的保安器。

（6）程控交换机室防静电地面。

2. 交流接地系统

交流接地系统用于由市电和油机发电设备供电的设备，也可以分为工作接地和保护接地两种。在接地的交流电力系统中，如 220V/380V 三相 TN 制供电系统，其中性点必须接地组成接零系统，作为工作接地，同时具有保护人身安全作用。

下列部分接到交流接地系统上：

（1）220V/380V 三相 TN 制电力网的中性点。

（2）变压器、电机、整流器、电器和携带式用电器具等的底座和外壳。

（3）互感器的二次绕组。

（4）配电屏与控制屏的框架。

（5）室内外配电装置的金属构架和钢筋混凝土框架以及靠近带电部分的金属围栏和金属门。

（6）交直流电力电缆和控制电缆的接线盒、终端盒和外壳和电缆的金属护套、穿线的钢管等。

（7）微波天线塔的铁架。

在中性点直接接地的低压电力网中，重复接地也是交流接地系统的一部分。

3. 测量接地系统

在较大型的通信局站工程中，为了测量直流地线的接地电阻，设置固定的接地体和接地引入线，单独作为测试仪表的辅助接地用。

4. 防雷接地系统

为了防止建筑物或通信设施受到直击雷、雷电感应和沿管线传入的高电位等引起的破坏性后果，而采取把雷电流安全泄掉的接地系统，有关建筑物和通信线路等设施的防雷接地应遵照相关专业的规定设计。

5. 联合接地系统

在通信系统工程设计中，通信设备受到雷击的机会较多，需要在受到雷击时使各种设备的外壳和管路形成一个等电位面，而且在设备结构上都把直流工作接地和天线防雷接地相连，无法分开，故而局站机房的工作接地、保护接地和防雷接地合并设在一个接地系统上，形成一个合设的接地系统。

6.2.3 通信电源接地系统的构成

（1）地。接地系统中所指的地，即一般的土地，不过它有导电的特性，并具有无限大的容电量，可以用来作为良好的参考电位。

（2）接地体（或接地电极）。为使电流入地扩散而采用的与土地成电气接触的金属部件。

（3）接地引入线。把接地电极连接到地线盘（或地线汇流排）上去的导线。在室外与土地接触的接地电极之间的连接导线则形成接地电极的一部分，不作为接地引入线。

（4）地线排（或地线汇流排）。专供接地引入线汇集连接的小型配电板或母线汇接排。

（5）接地配线。把必须接地的各个部分连接到地线盘或地线汇流排上去的导线。

由以上接地体、接地引入线、地线排或接地汇接排、接地配线组成的总体称为接地系统。电气设备或金属部件对一个接地连接称为接地。

6.2.4 通信电源的接地

通信电源的接地包括交流零线复接地、机架保护接地和屏蔽接地、防雷接地、直流工作地接地。

通信电源的接地系统通常采用联合地线的接地方式。联合地线的标准连接方式是将接地体通过汇流条（粗铜缆等）引入电力机房的接地汇流排，防雷地、直流工作地和保护地分别用铜芯电缆连接到接地汇流排上。交流零线复接地可以接入接地汇流排入地，但对于相控设备或电机设备使用较多（谐波严重）的供电系统，或三相严重不平衡的系统。交流零线复接地最好单独埋设接地体，或从直流工作接地线以外的地方接入地网，以减小交流对直流的污染。

以上四种接地一定要可靠，否则不但不能起到相应的作用，甚至可能适得其反，对人身安全、设备安全、设备的正常工作造成威胁。

1. 通信电源动力环境的接地

《通信工程电源系统防雷技术规定》，对通信电源动力环境的接地要求有：

（1）通信局（站）的接地方式，应按联合接地的原理设计，即通信设备的工作接地、保护接地、建筑物防雷接地共同合用一组接地体。

（2）避雷器的接地线应尽可能短，接地电阻应符合有关标准的规定。

（3）变压器高压低压侧避雷器的接地端、变压器铁壳、零线应就近接在一起，再经引下线接地。

（4）变压器在院内时，变压器地网与通信局（站）的联合地网应妥善焊接连通。

（5）直流电源工作接地应采用单点接地方式，并就近从接地汇集线上引入。

（6）交、直流配电设备的机壳应单独从接地汇集线上引入保护接地，交流配电屏的中性线汇集排应与机架绝缘，严禁接零保护。

（7）通信设备除工作接地（即直流电源地）外，机壳保护地应单独从汇集线上引入。

PS 系列通信电源在机柜内部设接地排，可以作为电源各接地的汇接点。

2. PS 通信电源的接地

根据 Q/GDW 11442—2020 规定，—48V 高频开关电源系统应采用正极接地的工作方式。电源系统工作地和保护地与机房环形接地铜排之间应具有可靠的电气连接，电源系统与接地铜排之间的连接电阻不应大于 0.1Ω。

PS 通信电源的接地包括安全保护接地、防雷接地和直流工作接地。安全保护接地亦即将机壳接地。在 PS 通信电源中，依据 IEC 标准，防雷接地和安全保护接地共用。该接地引线应选用铜芯电缆，其横截面积一般为 $35\sim95\text{mm}^2$，长度应小于 30m（协调防雷器的响应时间，快速将雷电泄放至大地）。工频接地电阻值应符合 XT 005—1995《通信局（站）电源系统总技术要求》，建议小于 3Ω。

直流工作接地亦即将电源直流输出端的正极接地，原则上应与安全保护接地和防雷接地共用。若分开，接地引线电缆的横截面积、工频接地电阻值由用户视负载情况而定。

6.2.5　接地系统的电阻和土壤的电阻率

1. 接地系统的电阻

接地系统的电阻是以下几部分电阻的总和：①土壤电阻；②土壤电阻和接地体之间的接触电阻；③接地体本身的电阻；④接地引入线、地线盘或接地汇流排以及接地配线系统中采用的导线的电阻。

以上几部分中，起决定性作用的是接地体附近的土壤电阻。因为一般土壤的电阻都比金属大几百万倍，如取土壤的平均电阻率为 $1\times10^4\Omega\cdot\text{m}$，而 1cm^3 铜在 20℃ 时的电阻为 $0.0175\times10^{-4}\Omega$，则这种土壤的电阻率是铜的 57 亿倍。接地体的土壤电阻 R 的分布情况主要集中在接地体周围。

在通信局站的接地系统里，其他各部分的电阻都比土壤小得多，即使在接地体金属表面生锈时，它们之间的接触电阻也不大，至于其他各部分则都是用金属导体构成，而且连接的地方又都十分可靠，因此它们的电阻更是可以忽略不计。

但在快速放电现象的过程中，如在过压接地的情况下，构成接地系统的导体的电阻可能成为主要的因素。

如果接地电极与其周围的土壤接触得不紧密，则接触电阻可能影响接地电阻达到总值的百分之几十，而这个电阻可能在波动冲击条件下由于飞弧而减小。

2. 土壤的电阻率

衡量土壤电阻大小的物理量是土壤的电阻率，它表示电流通过单位长度的土壤电阻的平均值，代表符号为 r，单位为 $\Omega\cdot\text{m}$。在实际测量中，往往只测量 1cm^3 的土壤，所以 r 的单位也可采用 $\Omega\cdot\text{cm}$。

决定土壤电阻率的因素很多，即使是一个固定位置的土壤电阻率也不是恒定的。土壤电阻率主要由土壤中的含水量以及水本身的电阻率来决定，同时土壤的类型、溶解在土壤中的水中的盐的化合物、土壤中溶解的盐的浓度、含水量（水表）、温度（土壤中水的冰冻状况）、土壤物质的颗粒大小以及颗粒大小的分布、密集性和压力及电晕作用都会对土壤电阻率有影响。

3. 接地体和接地导线的选择

（1）接地体一般采用的镀锌材料。

1）角钢，50mm×50mm×5mm，长2.5m。

2）钢管，直径50mm，长2.5m。

3）扁钢，$(40×4)mm^2$。

（2）通信直流接地导线一般采用的材料。

1）室外接地导线用 $(40×4)mm^2$ 镀锌扁钢，并应缠以麻布条后再浸沥青或涂抹沥青两层以上。

2）室外接地导线用 $(40×4)mm^2$ 镀锌扁钢，再换接电缆引入楼内时，电缆应采用铜芯，截面不小于$50mm^2$。在楼内如换接时，可采用不小于$70mm^2$ 的铝芯导线。不论采用哪一种材料，在相接时应采取有效措施，以防止接触不良等故障。

3）由地线盘或地线汇流排到下列设备的接地线，可采用不小于以下截面的铜导线：①24V、−48V、−60V 直流配电屏，$95mm^2$；②±60V、±24V 直流配电屏，$25mm^2$；③电力室直流配电屏到自动长市话交换机室和微波室，$95mm^2$；④电力室直流配电屏到测量台，$25mm^2$；⑤电力室直流配电屏到总配线架，$50mm^2$。

4. 交流保护接地导线

根据《低压电网系统接地型式的分类、基本技术要求和选用导则》的初稿，保护线的最小截面如下：①相线截面 $S≤16mm^2$ 时，保护线 S_p 为 S；②相线截面 $16mm^2<S≤35mm^2$ 时，保护线 S_p 为 $16mm^2$；③相线截面 $S>35mm^2$ 时，保护线 S_p 为 $S/2$。

5. 接地电阻和土壤电阻率的测量

通信局站测量土壤电阻率（又称土壤电阻系数）有以下几个作用：

（1）在初步设计查勘时，需要测量建设地点的土壤电阻率，以便进行接地体和接地系统的设计，并安排接地极的位置。

（2）在接地装置施工以后，需要测量它的接地电阻是否符合设计要求。

（3）在日常维护工作中，也要定期地对接地体进行检查，测量它的电阻值是否正常，作为维修或改进的依据。

6. 测量接地电阻的方法

测量接地电阻通常有下列几种方法：①利用接地电阻测量仪器的测量法；②电流表—电压表法；③电流表—电功率表法；④电桥法；⑤三点法。

上述测量方法中，以前两种方法最普遍采用。但不管采用哪一种方法，其基本原则相同。在测量时都要敷设两组辅助接地体：一组用来测量被测接地体与零电位间的电压，称为电压接地体；另一组用来构成流过被测接地体电流回路，称为电流接地体。

利用电流表—电压表法测量接地电阻的优点是：接地电阻值不受测量范围的限制，特别适用于小接地电阻值（如0.1Ω以下）的测量。利用此法测得的结果也是相当准确的。

若流经被测接地体与电流辅助接地体回路间的电流为 I，电压辅助接地体与被测接地体间的电压为 U，则被测接地体的接地电阻为

$$R_0 = \frac{U}{I}$$

为了防止土壤发生极化现象，测量时必须采用交流电源。同时为了减少外来杂散电流对结果的影响，测量电流的数值不能过小，最好有较大的电流（数十安）。测量时可以采用电压为 65V，36V 或 12V 的电焊变压器，其中性点或相线均不应接地，与市电网路绝缘。

被测接地体和两组辅助接地体之间的相互位置和距离对于测量的结果有很大的影响。

第7章 通信电源容量计算及典型配置

7.1 独立通信电源容量计算

7.1.1 独立通信电源容量的构成

独立通信电源容量主要取决于负载电流、整流模块数量、电池充电电流、系统冗余系数、蓄电池后备时间。

1. 负载电流

负载电流为所要接入的所有负载设备最大额定工作电流总和，见表7-1，负载设备启动冲击电流不做考虑。

表7-1 负载电流统计明细

序号	设备类型	数量/台	单套设备额定负载电流/A	总负载电流/A
1	SDH 设备	a	b	ab
2	PCM 设备	c	d	cd
⋮	⋮	⋮	⋮	⋮
负载电流（$I_{负载电流}$）				ab+cd

2. 整流模块数量

单套电源的高频开关整流模块配置总数量不应少于3块，且符合 $N+1$ 原则。

3. 电池充电电流

电池充电电流为能够保证在通信电源系统正常满负载容量工作的状态下可以额外为蓄电池提供充电的系统电流，取值为 $0.1C_{10}$。

4. 系统冗余系数

系统冗余系数（γ）是满足现网设备可靠工作的同时，为远期扩容提供一定的系统容量预留，如预留20%（具体系数由设计单位根据站点功能取值）。

5. 蓄电池后备时间

蓄电池后备时间是通信站交流全停后，蓄电池满足通信设备正常运行的时间。后备时间满足 Q/GDW 11442—2020《通信电源技术、验收及运行维护规程》的规定。

7.1.2 独立通信电源容量计算

不考虑预期负载增容时，在整流模块数量为 N 的情况下单套 $-48V$ 高频开关电源容量配置要求见表7-2。

独立通信电源容量计算报告流程如图7-1所示。

表 7 - 2　　　　　　　　　　单套－48V 高频开关电源容量配置要求

站 点 类 型	配置要求
通信中心站、通信枢纽站等重要通信站点	$>(2MI_{10}+I_{总})$
承载省际及以上骨干通信网业务或 220kV 及以上继电保护、安控业务的通信站点	$>(2MI_{10}+I_{总})$
其他类型通信站点	$>(MI_{10}+I_{总})$

注：M 为单套高频开关电源所带全部蓄电池组数，I_{10} 为单组蓄电池组 10h 率放电电流，$I_{总}$ 为通信站总负载电流。

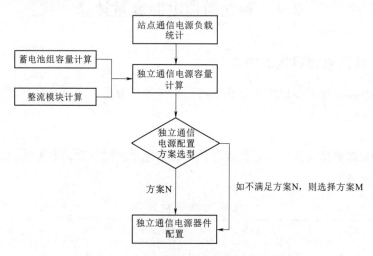

图 7 - 1　独立通信电源容量计算报告流程

在考虑预期负载增容的情况下，则需要根据未来的负载项目远期规划，根据如下方法计算单套－48V 高频开关电源配置容量。

总体原则按照 YD/T 5040—2005《通信电源设备安装工程设计规范》计算蓄电池容量。具体如下。

$$I_{预期负载}=\frac{I_{负载电流}}{1-\gamma}$$

$$C=\frac{KI_{预期负载}T}{n[1+\alpha\times(t-25)]}　（向上取整）$$

式中　γ——系统冗余系数，根据项目远期规划在 0～100% 之间取值；

　　　C——电池容量，Ah；

　　　K——安全系数，取 1.25；

　　　T——后备时间；

　　　n——放电容量系数；

　　　t——实际电池所在地最低温度数值，所在地有采暖设备时，按 15℃ 考虑，无采暖设备时；按 5℃；

　　　α——电池温度系数，当放电小时率不小于 10 时，取 0.006，当 $1\leqslant$ 放电小时率 <10 时，取 0.008，当放电小时率小于 1 时，取 0.01。

蓄电池放电容量系数 n 见表 7 - 3。

表 7-3　　　　　　　　　　　蓄电池放电容量系数 n

蓄电池放电小时数/h		0.5			1			2	3	4	6	8	10	≥20
放电终止电压/V		1.65	1.70	1.75	1.70	1.75	1.80	1.80	1.80	1.80	1.80	1.80	1.80	≥1.85
放电容量系数	防酸蓄电池	0.38	0.35	0.30	0.53	0.50	0.40	0.61	0.75	0.79	0.88	0.94	1.00	1.00
	阀控蓄电池	0.48	0.45	0.40	0.58	0.55	0.45	0.61	0.75	0.79	0.88	0.94	1.00	1.00

$$I_充 = 0.2C$$

$$I_Z = I_{预期负载} + I_充$$

$$N_Z = \frac{I_Z}{单个整流模块容量} \quad [(向上取整)同时需满足冗余模块要求]$$

式中　I_Z——满足负载和电池充电的总需求容量，A；

　　　$I_充$——系统总的电池充电电流，A。

7.2　独立通信电源配置方案

7.2.1　通信电源典型接线配置

独立通信电源典型配置见表 7-4。

表 7-4　　　　　　　　　　　独立通信电源典型配置

序号	预期负荷/A	电源系统容量	蓄电池后备时长/h	供电模式	通信电源配置	适用站址
1	40 以下	180A 专用直流电源系统	4	B11	(30A×6/150Ah×2)×1 套	110kV 及以下变电站
2	40 以下	180A 专用直流电源系统	8	B12	(30A×6/300Ah×2)×1 套	110kV 及以下变电站
3	40～80	300A 专用直流电源系统	4	B21	(30A×10/300Ah×2)×1 套	110kV 及以下变电站
4	40～80	300A 专用直流电源系统	8	B22	(30A×10/500Ah×2)×1 套	110kV 及以下变电站
5	40～80	300A×2 专用直流电源系统	4	C11	(30A×10/150Ah×2)×2 套	各级变电站和区县级调控中心
6	40～80	300A×2 专用直流电源系统	8	C12	(30A×10/300Ah×2)×2 套	各级变电站和区县级调控中心
7	80～150	400A×2 专用直流电源系统	4	C21	(50A×8/300Ah×2)×2 套	各级变电站和区县级调控中心
8	80～150	400A×2 专用直流电源系统	8	C22	(50A×8/500Ah×2)×2 套	各级变电站和区县级调控中心
9	150～300	600A×2 专用直流电源系统	4	C3	(50A×12/500Ah×2)×2 套	大容量变电站和地市级调控中心
10	300～450	1000A×2 专用直流电源系统	4	C4	(100A×10/800Ah×2)×2 套	地市级和省级调控中心
11	450～600	1200A×2 专用直流电源系统	4	C5	(100A×12/1000Ah×2)×2 套	地市级和省级调控中心
12	600A 以上	根据实际负荷需求，配置 2 套 C4 或 C5 供电模式的电源系统，采用分机房、分区域供电方式				省级调控中心

应根据计算结果，选择对应的供电方式。表 7-4 中所列供电模式分 B、C 两大类。其中，供电模式 B 采用单套完全独立的通信专用电源接线方式，具体分为 B11、B12、B21 和 B22 四种模式。以 B11 模式为例，180A 通信专用电源系统典型配置接线如图 7-2 所示。

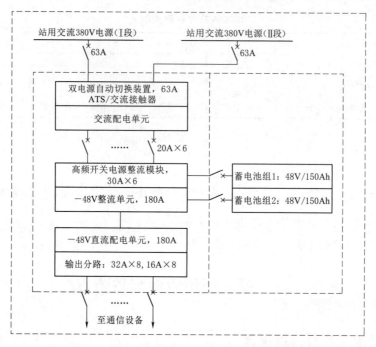

图 7 - 2　180A 通信专用电源系统典型配置接线图（B11）

供电模式 C 采用两套完全独立的通信专用电源接线方式，具体分为 C11、C12、C21、C22、C3、C4 和 C5 七种模式。以 C11 模式和 C3 模式为例，300A 和 600A 通信专用电源系统典型配置接线图如图 7 - 3 和图 7 - 4 所示。

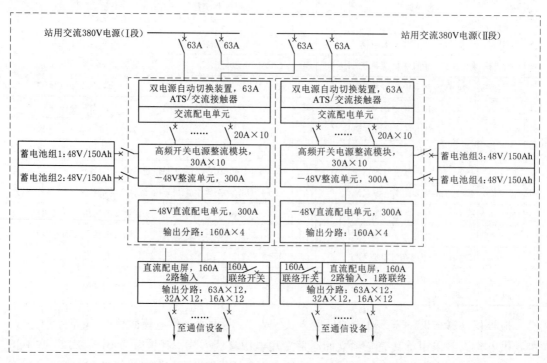

图 7 - 3　300A 通信专用电源系统典型配置接线图（C11）

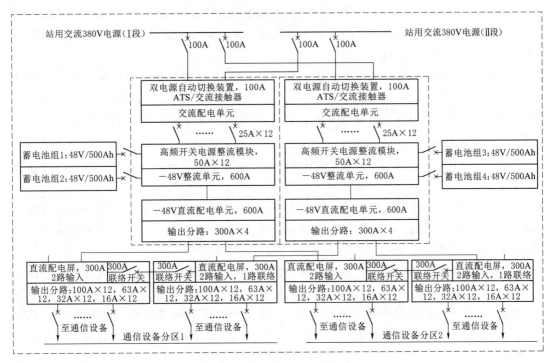

图 7 - 4 600A 通信专用电源系统典型配置接线图（C3）

7.2.2 典型器件的配置

7.2.2.1 整流屏

（1）输入侧。全部采用断路器配置，由交流负载及整流屏总额定功率确认，$P=3\times$ 相电压×相电流×功率因数＝1.732×线电压×线电流×功率因数。三相四线制的通信电源为星型接法，相电压＝线电压/1.732，线电流＝相电流。

（2）输出侧。高频开关电源屏与每组蓄电池组之间的熔断器额定电流应不小于 $5.5I_{10}$（I_{10} 为蓄电池组 10h 率放电电流）。高频开关电源至直流配电屏的熔断器，根据 DL/T 5044—2014《电力工程直流电源系统设计技术规程》第 6.6.3 条规定，熔断器额定电流应大于充电装置额定输出电流。

7.2.2.2 直流配电屏

直流配电屏输出路数为系统所要接入的全部直流设备的数量总和，考虑一定冗余。输出断路器常用取值为 1.5～2 倍的实际负载电流，必须采用直流断路器，严禁采用交流断路器。

7.2.2.3 器件级差

系统配置的器件容量应采用逐级递减方案配置，即从通信电源的输出侧开始至直流接入设备端应采用开关器件逐级递减的方案配置，以防止系统越级跳闸，实现逐层保护机制。

按照 DL/T 5044—2014《电力工程直流电源系统设计技术规程》规定如下：多级断路器（熔断器）配合包括断路器—断路器、熔断器—断路器、熔断器—熔断器方式，直流断路器的下级不应使用熔断器。

断路器（熔断器）额定电流的选择应按理论值向上取整到相应的规格。第一级断路器（熔断器）额定电流应大于回路的最大工作电流。同时断路器（熔断器）级差选择原则为：上级断路器（熔断器）额定电流不小于 1.6 倍的下级断路器（熔断器）额定电流。

7.2.2.4　防雷器件

按照 Q/GDW 11442—2020《通信电源技术、验收及运行维护规程》规定，防雷器件满足以下要求：

（1）电源柜体应设有保护接地，接地处应有防锈措施和明显标志。电源系统交流输入端应装有浪涌保护装置，至少应能承受电压脉冲（10/700μs、5kV）和电流脉冲（8/20μs、20kA）的冲击。

（2）通信电源系统应采取多级过电压防护，按照 DL/T 548—2012《电力系统通信站过电压防护规程》执行。通信电源电压保护配置示意图如图 7-5 所示。在进入机房的低压交流配电屏入口处具备第一级防护（图 7-5 中 S_1）。整流设备入口处具备第二级防护（图 7-5 中 S_2），在整流设备出口处的供电母线上具备工作电压适配的电源浪涌保护器和保护电器作为末级防护（图 7-5 中 S_3、P_1、P_2）。

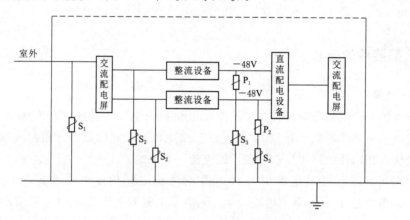

图 7-5　通信电源电压保护配置示意图
S_1、S_2、S_3—电源浪涌保护器；P_1、P_2—保护电器

7.2.3　电缆线径选择

电缆线径选择应符合下列要求：通信交流中性线应采用与相线相等截面的导线、接地导线应采用铜芯导线、机房内的导线应采用非延燃烧电缆。

7.2.3.1　交流线径计算

可按经济电流密度选择交流线径。

$$S_{经济} = \frac{I_{max}}{J_j}$$

式中 $S_{经济}$——导线经济截面积计算值，mm^2；

I_{max}——单相最大负荷电流，A；

J_j——经济电流密度，A/mm^2。

所选择的导线截面积 S 应不小于 $S_{经济}$。

7.2.3.2 直流线径计算

直流线径采用电流矩法计算。电缆计算为

$$A = \frac{\sum IL}{K \Delta U}$$

式中 A——导线截面积，mm^2；

$\sum I$——流过导线的总电流，A；

L——导线回路长度，m；

ΔU——导线上允许压降（常用取值为 0.5V）；

K——导线的导电系数，$K_{铜} = 57$。

按照 YD/T 1970.3—2010《通信局（站）电源系统维护技术要求 第 3 部分：直流系统》第 6.4 条"在额定负载条件下，直流配电部分放电回路电压降应不大于 500mV；对于−48V、−24V 和＋24V 系统，供电回路全程压降分别应不大于 3V、2.6V 和 2.6V"。原则，计算出电缆线径。电池间连接电压降满足 YD/T 799—2002《通信用阀控式密封铅酸蓄电池》电池间的连接压降 $\Delta U \leqslant 10mV$ 要求。

7.2.4 独立通信电源典型配置明细

以 B11 模式、C11 模式和 C3 模式为例，180A、300A 和 600A 通信专用电源系统典型配置如下。

（1）B11 模式。180A 通信专用电源系统典型配置 1（4h 后备时间）见表 7-5。

表 7-5 180A 通信专用电源系统典型配置 1

序号	设 备 名 称	单位	数量	配 置 规 格	备 注
1	交流配电单元（高频开关电源内）			输入：63A/3P×2 输出：32A/3P×3 20A/1P×6	带 ATS 自动切换装置，应急电源接线插口
2	高频开关电源屏	面	1	整流模块：30A×6 电池熔丝：160A×2	6 个模块/屏
3	蓄电池组	组	2	150Ah，12V/只	4 只/组
4	直流配电单元（高频开关电源内）			输出：32A×8 16A×8	

（2）C11 模式。300A 通信专用电源系统典型配置 1（4h 后备时间）见表 7-6。

表 7 - 6　　　　　　　　　　　　　**300A 通信专用电源系统典型配置 1**

序号	设 备 名 称	单位	数量	配 置 规 格	备　注
1	交流配电单元（高频开关电源内）			输入：63A/3P×2 输出：32A/3P×3 20A/1P×10	带 ATS 自动切换装置，应急电源接线插口
2	高频开关电源屏	面	2	整流模块：30A×10 电池熔丝：160A×2 输出分路：160A×4	10 个模块/屏
3	蓄电池组	组	4	150Ah，12V/只	4 只/组
4	直流配电屏	面	2	输入：160A×2 联络：160A×1（可选） 输出：63A×12 32A×12 16A×12	

（3）C3 模式。600A 通信专用电源系统典型配置见表 7 - 7。

表 7 - 7　　　　　　　　　　　　**600A 通信专用电源系统典型配置**

序号	设 备 名 称	单位	数量	配 置 规 格	备　注
1	交流配电屏（或组合在高频开关电源屏内）	面	2	输入：100A/3P×2 输出：32A/3P×3 25A/1P×12	带 ATS 自动切换装置，应急电源接线插口
2	高频开关电源屏	面	2	整流模块：50A×12 电池熔丝：500A×2 输出分路：300A×4	12 个模块/屏
3	蓄电池组	组	4	500Ah，2V/只	24 只/组
4	通信机房直流配电屏	面	4	输入：300A×2 联络：300A×1（可选） 输出：100A×12 63A×12 32A×12 16A×12	2 对直流配电屏，分区供电

7.3　DC—DC 通信电源容量计算

7.3.1　DC—DC 通信电源容量的构成

通信电源的 DC—DC 模块容量主要取决于负载电流大小和系统冗余系数要求。

1. 负载电流

负载电流为所要接入的所有负载设备最大额定工作电流总和，其计算见表 7 - 1。负载设备启动冲击电流不做考虑。

2. 冗余模块

冗余模块即除满足系统正常满负载工作电流和蓄电池充电电流以外的系统冗余备份模

块。冗余模块数量应不少于 3 块且符合 $N+1$ 原则。

3. 系统冗余系数

系统冗余系数（γ）的要求同 7.1.1 中独立通信电源系统冗余系数要求。

4. 整流模块

单套 DC—DC 变换装置的模块数量不应少于 3 块，且符合 $N+1$ 原则。

7.3.2　DC—DC通信电源容量计算方式

一体化 DC—DC 通信电源容量计算流程如图 7-6 所示。

取 DC—DC 单模块容量为 MA 的整流模块，有

$$I_{预期负载}=\frac{I_{实际负载}}{1-\gamma}$$

$$N_Z=\frac{I_{预期负载}}{M}=N（向上取整）$$

式中　γ——系统冗余系数，根据项目远期规划在 $0\sim100\%$ 之间取值。

则最终系统容量需求为：$N+1$ 冗余备份，故最终模块数量应取 $N+1$ 个，即单套 DC—DC 模块的总需求容量为 $M(N+1)$。

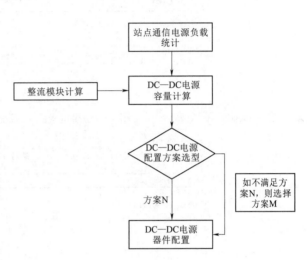

图 7-6　DC—DC 通信电源容量计算流程

7.4　DC—DC 通信电源配置方案

7.4.1　DC—DC 通信电源典型接线配置

表 7-8 所列供电模式分 A、B 两种。其中，供电模式 A 采用单母线输入、双母线输出接线方式，如图 7-7 所示。

表 7-8　　　　　　　　　　　DC—DC 通信电源配置表

序号	预期负荷标准/A	电源系统容量	供电模式	通信电源配置
1	<35	60A 一体化电源系统	A	2 组 DC—DC 变换器
2	$35\sim90$	120A 一体化电源系统	B	2 组 DC—DC 变换器

供电模式 B 采用双母线输入、双母线输出接线方式，如图 7-8 所示。

7.4.2　典型器件的配置

7.4.2.1　器件容量选型

根据 DC—DC 通信电源要提供的直流设备电流，选择直流输入输出开关。本期每路负

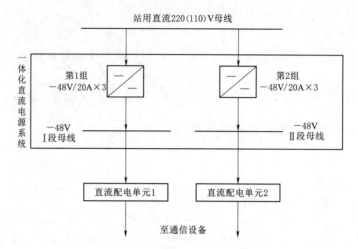

图 7-7　供电模式 A 系统接线图

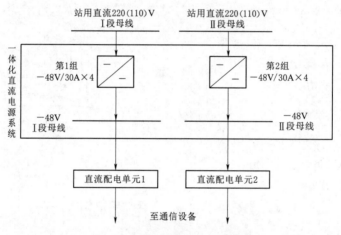

图 7-8　供电模式 B 系统接线图

载输出保护器件额定电流是实际负载电流的 2.0 倍。

7.4.2.2　DC 屏器件配置

（1）DC—DC 屏。

1）输入侧。全部采用断路器配置，大小由负载确定。

2）输出侧。根据系统方案配置断路器。

（2）DC 配电部分。直流配电屏输出路数为系统所要接入的全部直流设备的数量总和，考虑一定冗余。输出断路器常用取值为 1.5～2 倍的实际负载电流，必须采用直流断路器，严禁采用交流断路器。

（3）器件级差。按照 DL/T 5044—2014《电力工程直流电源系统设计技术规程》规定如下：多级断路器（熔断器）配合包括断路器—断路器、熔断器—断路器、熔断器—熔断器方式，直流断路器的下级不应使用熔断器。

断路器（熔断器）额定电流的选择应按理论值向上取整到相应的规格。第一级断路器（熔断器）额定电流应大于回路的最大工作电流。同时断路器（熔断器）级差选择原则为：上级断路器（熔断器）额定电流不小于 1.6 下级断路器（熔断器）额定电流。

7.4.3 电缆线径选择

电缆线径计算与 7.2.3 中直流线径计算相同。

7.4.4 DC—DC 通信电源典型配置明细

1. 60A DC—DC 通信电源系统配置（远期预期总负载小于 35A）

60A 一体化通信电源系统配置通常按供电模式 A 进行配置（见表 7 - 9），包括 2 组 220(110)V／-48V DC—DC 变换器，配置 2 段 48V 直流母线，每段母线输出配置 63A/2P 直流输出空开不少于 4 只。

表 7 - 9　　　　　　　　　60A 一体化通信电源系统典型配置 1（模式 A）

序号	设备名称	单位	数量	配置规格	备　注
1	DC—DC 变换器	组	2	-48V/××A×××	每组配 3 个模块，合为 1 段母线输出
2	直流配电单元	个	2	输入：DC -48V/××A×××	
				输出：DC -48V/××A×××	
				DC -48V/××A×××	
				DC -48V/××A×××	

2. 120A DC—DC 通信电源系统配置（远期预期总负载 35～90A）

120A 一体化通信电源系统通常按供电模式 B 进行配置（见表 7 - 10），采用物理上相对独立的双重化配置结构，包括 2 组 220(110)V／-48V DC—DC 变换器，配置 2 段 48V 直流母线，每段母线输出配置 100A/2P。直流输出空开不少于 6 只。

表 7 - 10　　　　　　　　120A 一体化通信电源系统典型配置（模式 B）

序号	设备名称	单位	数量	配置规格	备　注
1	DC—DC 变换器	组	2	-48V/××A×××	每组配 4 个模块，合为 1 段母线输出
2	直流配电单元	个	2	输入：DC -48V/××A×××	
				输出：DC -48V/××A×××	
				DC -48V/××A×××	
				DC -48V/××A×××	

第8章 通信电源典型安装及改造技术

8.1 蓄 电 池 组 安 装

本工艺适用于通信机房蓄电池组安装、试验。蓄电池组安装流程如图8-1所示。

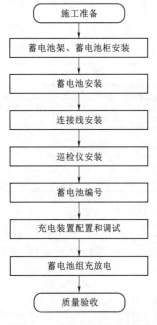

图8-1 蓄电池组安装流程

1. 施工准备

（1）技术准备。熟悉施工图；熟悉充电装置、蓄电池、直流接地检查装置等的说明书。

（2）材料准备。镀锌螺栓、线帽管、屏蔽线、相色带、电缆头热缩管等盘柜安装、二次接线所需材料。

（3）人员组织。技术人员，安全、质量负责人，安装人员。

（4）机具准备。放电试验装置、蓄电池内阻测量仪、万用表、电钻、压接钳、动力电缆接线工具等。使用的扳手等工具要求绝缘，以免发生短路现象。

2. 蓄电池架、蓄电池柜安装

（1）根据有关图纸及安装说明检查蓄电池架、蓄电池柜是否符合承重要求，检查基础槽钢与机柜固定螺栓孔的位置是否正确、基础槽钢水平度及不平度是否符合要求。

（2）蓄电池架应用螺栓与基础槽钢连接，架间各螺栓应连接可靠牢固。蓄电池柜安装工艺参考机柜连接工艺。

3. 蓄电池安装

（1）蓄电池安装前观察外观是否完好、设备无损伤；型号、规格、内部功能配置、蓄电池容量等符合合同和技术联络会纪要要求；附件、备品、说明书及技术文件齐全。

（2）电池上架前，宜铺放绝缘胶垫，应用万用表检测各节电池端电压是否正常，按照图纸把电池上架就位，用电缆连接各电池及电池巡检仪，紧固各连接螺栓，蓄电池安装应平稳，间距均匀，单体蓄电池之间的间距不应小于5mm，同一排、列的蓄电池槽应高低一致，排列整齐。

（3）机柜内安装蓄电池前宜铺放绝缘胶垫，在蓄电池与电池架之间起到绝缘及缓冲的作用，且蓄电池架要与蓄电池室接地网可靠接地，接地线宜采用35mm² 黄绿双色线缆。蓄电池架上需要安装走线槽盒，使采集线布放与绑扎更加整齐美观。

（4）蓄电池组一般安装在支架或盘柜里，支架要求固定牢靠，水平误差在±5mm范围内。

（5）蓄电池的安装顺序必须按照设计图纸或厂家图纸及提供的连接排（线）情况进行合理布置，蓄电池排列一致、整齐，放置平稳。

（6）蓄电池组正负极应有明显标识，蓄电池组端子连接处要使用压接式接线端子，螺栓垫片、弹簧垫片齐全，连接条紧固螺栓力矩符合说明书要求，连接处需涂抹凡士林或导电膏。

（7）测量并记录整组蓄电池的端部原始电压、单体蓄电池的原始电压，测量蓄电池的内阻。

（8）对蓄电池进行编号，编号要求清晰、齐全。安装结束后盖上蓄电池上部或蓄电池端子上的绝缘盖，以防发生短路现象。

4. 连接线安装

（1）进行直流系统内部连接线的敷设和接线工作，包括交流输入电源、柜之间的母线连接，信号线的连接，柜与蓄电池的连接、直流正极工作接地线的连接、巡检仪信号采样线的连接等。连接线的安装接线排列整齐、工艺美观。

（2）连接线安装前，首先要确认蓄电池输入熔丝处于拉开状态，以免带负载接入或发生短路现象。

（3）蓄电池出线宜加接线柱，直流线缆不宜直接从蓄电池正负极连接。

5. 巡检仪安装

（1）巡检仪安装前应检查外观是否完好、设备无损伤；型号、规格、尺寸等符合合同和设计要求；说明书及技术文件齐全。

（2）巡检仪安装应平稳、固定牢固、美观。

（3）在蓄电池连接的同时，将单体电池的采样线同步接入，接入前首先要确认采样装置侧已接入，以免发生短路现象。采样线要求排列整齐，接线工艺美观。

（4）安装接线时，要按照安装接线图操作，接线时严格区分工作电源线、通信线和电池信号采样线，以避免损坏机器。

（5）单体电池的编号顺序从蓄电池组负端往正端，切勿接反。

6. 蓄电池编号

（1）蓄电池柜中每块电池要粘贴带有数字的标签指明连接路径。

（2）层与层电池连接线应在两端粘贴标签并标明极性。

（3）所有标牌标签均应挂在或贴在同一高度或位置，保持美观。

（4）编号要求清晰、齐全。蓄电池上部或蓄电池端子要加盖绝缘盖，以防发生短路现象。

7. 充电装置配置和调试

（1）确认交流电源输入系统、充电装置、监控模块直流母线等安装牢固、绝缘良好且符合设计要求。

（2）输入交流电源如果为双电源输入，应进行双电源切换试验，试验结果准确、切换可靠。

（3）启动充电装置检查电流、电压等参数正常。同时检查每个高频开关的状态（手动或自动）、地址编码等，应符合厂家及设计要求。

（4）充电装置监控模块与高频电源开关的通信应正常，监视的状态与实际相符，监控模块内的参数设置符合产品要求。

8. 蓄电池充放电

（1）确认蓄电池组安装结束，单体蓄电池的采样装置开通并运行正常，能监测到整组及单体蓄电池的电压，合上蓄电池组的充电熔丝，对蓄电池进行充电。

（2）新安装的蓄电池组应进行全核对性放电试验，容量应达到 100％。允许进行三次充放电循环，若仍达不到额定容量值的 100％，此组蓄电池组为不合格。

（3）对不合格的蓄电池组应进行更换。蓄电池组更换后再次进行全核对性放电试验。

9. 质量验收

（1）蓄电池组一般安装在支架或盘柜里，支架要求固定牢靠，水平误差在 ±5mm 范围内。蓄电池散力架需满足 $14N/m^2$。

（2）蓄电池组正负极应有明显标志，蓄电池组端子连接处要使用压接式接线端子，螺栓垫片、弹簧垫片齐全，连接条紧固螺栓力矩符合说明书要求，连接处需涂抹凡士林或导电膏。

（3）测量并记录整组蓄电池的端部原始电压、单体蓄电池的原始电压，测量蓄电池的内阻，提供记录数据，提供蓄电池充放电报告。

8.2　通 信 电 源 安 装

本工艺适用于通信机房各类通信电源系统的安装。通信电源安装流程如图 8-2 所示。

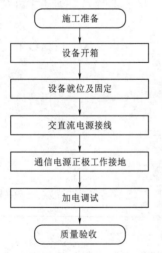

图 8-2　通信电源安装流程

1. 施工准备

（1）技术准备。熟悉施工图，熟悉电源系统配置，熟悉通信电源说明书。

（2）材料准备。镀锌螺栓、线帽管、屏蔽线、电缆头、热缩管等盘柜安装以及二次接线所需材料等。

（3）人员组织。技术人员，安全、质量负责人，安装人员。

（4）机具准备。万用表、压接钳、螺钉旋具、老虎钳、斜口钳子、扳手等，使用扳手等工具时要求绝缘，以免发生短路现象。

2. 设备开箱

在开箱验货前应认真核实设计中设备及配件情况。开箱验货时要会同监理单位人员、设备厂家人员同时开箱，验货时要认真仔细，并依照对照片的要求拍照存档。对验货发现的与设计不符的情况，及时与现场监理、厂家人员沟通，出具书面材料经监理确认签字后报上级有关部门处理，不得擅自处理，验收完毕后需要妥善保管设备及配件。

3. 设备就位及固定

机架安装位置符合设计要求，安装加固满足抗震设计要求，垂直水平符合验收规范要求。安装工艺参考机柜安装工艺。

4. 交直流电源接线

(1) 单体蓄电池间连接线安装完成后,开展蓄电池电缆与电源柜接线,电源侧要保证熔断器断开。

(2) 电源线接线时要先用万用表核实电源线正确,核实电源线两端电压正确,直流电源线还需确认极性。接线时电源侧供电开关应关闭,负载侧机顶电源与设备电源开关在关闭状态。

(3) 接线时,应采用上走线绕开所用空气开关的接线方式。线缆插入空气开关不能留线头,接线后不应有飞线。直流线缆线径应与空气开关、接线柱一致。

(4) 交流电源线应独立布放,要与直流线缆分两侧入柜,禁止与其他弱电信号线重叠与交叉。电源线与信号线平行敷设时,间距不小于 300mm。每套通信电源应有两路分别取自不同母线的交流输入,并具备自动切换功能。

(5) 施工前应充分考虑对原有电源设备的保护措施,操作工具要采用相应的绝缘措施,用绝缘胶带将金属工具裸露部分缠好,避免短路。严防螺栓、金属导线等掉落到机架内。

(6) 敷设电源线缆应从机柜一侧布线,走线弯度要一致,转弯的曲率半径一般应大于电缆直径的 6 倍,排列整齐、绑扎均匀、连接牢靠。

(7) 电源柜内电源线走线要横平竖直,留有预留走线空间。接线端处接线整齐牢固,留有足够的操作空间。

(8) 直流电源线正极应使用螺母紧固。6mm² 及以下截面单芯缆线可采用铜芯线直接打圈方式终端紧固,但必须沿顺时针方向打圈;多芯导线应采用镀锡铜鼻子与设备接线端子进行压接紧固或焊接连接。

(9) 电源线在配电屏分配输出位置时一定要考虑安全、方便和预留扩容等因素。带电连接时应先对负载端按规定操作完成,检查极性正确无误再接线。

5. 通信电源正极工作接地

通信电源的正极母排要用不小于 35mm² 地线进行接地。

6. 加电调试

(1) 送电前应使用万用表测量电源线正负极无短路现象。

(2) 合上交流电源、蓄电池熔断器进行加电调试,按出厂说明书要求进行通电试验,按设计要求进行系统测试调整,并进行动环监控联调测试。

(3) 通信电源系统投运前应进行蓄电池组全核对性放电试验、双交流输入切换试验及电源系统告警信号的校核。通信设备投运前应进行双电源倒换测试。

7. 质量验收

(1) 电源线接线时,要采用上走线绕开所用空气开关的接线方式。

(2) 线缆插入空气开关不能留线头,接线后不应有飞线。直流线缆线径应与空气开关、接线柱一致。

(3) 直流电源线接触面应使用螺母紧固。6mm² 及以下截面单芯缆线可采用铜芯线直接打圈方式终端紧固,但必须顺时针方向打圈;多芯导线应采用镀锡铜鼻子与设备接线端子进行压接紧固或焊接连接。

（4）敷设电源线缆应从机柜一侧布线，走线弯度要一致，转弯的曲率半径一般应大于电缆直径的 6 倍，排列整齐、绑扎均匀、连接牢靠。

（5）在双电源配置的站点，具备双电源接入功能的通信设备应由两套电源独立供电。禁止两套电源负载侧形成并联。

8.3 通 信 电 源 改 造

本工艺适用于变电站机房通信电源（高频开关电源柜）负载不断电的更换改造。通信电源改造施工流程如图 8-3 所示。

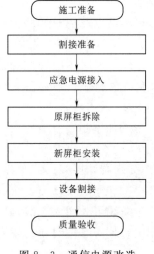

图 8-3 通信电源改造
施工流程

1．施工准备

（1）技术准备。熟悉施工图、熟悉施工方案、熟悉作业指导书、熟悉新旧电源系统配置、安全技术交底、确认割接时间内无停电计划。

（2）材料准备。镀锌螺栓、线帽管、线缆、铜鼻子、热缩管、应急电源及电池组、临时线缆等电源割接所需材料。

（3）人员组织。技术人员，安全、质量负责人，安装人员。

（4）机具准备。断线钳、液压钳、螺钉旋具、套筒、斜口钳、扳手、万用表、钳形电流表、安全帽、绝缘手套、护目镜、绝缘垫、绝缘布等施工机具和安全防护用具。使用扳手等工具要求绝缘处理。

2．割接准备

（1）对相关的通信设备做好数据备份，以防数据丢失。核实原高频开关电源柜运行参数，记录备案。

（2）当具备应急电源设备和接入条件时，宜采用应急电源接入的改造方案。应急电源应加电测试（根据实际情况，容量需高于总负载，并配备一组临时蓄电池组）。

（3）蓄电池组充放电试验应严格遵循蓄电池充放电规定要求，核对蓄电池组容量，如发现蓄电池容量不足应更换蓄电池组。

（4）新增高频开关电源柜加电测试，如新增监控系统应一起进行动环联合测试。

（5）应急电源线缆、新增高频开关电源柜线缆、蓄电池临时线缆预敷设。

（6）直流分配屏负极母排等施工位置使用绝缘材料防护。

（7）施工现场消防器材、安全救护设备准备到位；施工人员正确穿戴和使用个人防护用品，严禁在带电的母线上钻孔。

（8）熟悉施工位置，安排施工人员，准备割接。

3．应急电源接入

（1）应急电源交流输入线缆连接，直流输出空开应处于分闸状态，交流输入空开合闸设备加电，查看设备参数确认设备正常。

（2）禁止应急电源和原有高频开关电源在负载侧形成并接。

（3）应急电源直流输出线缆连接至直流分配柜，关停原有开关电源交流输入，应急电源直流输出空开合闸，查看直流输出电压是否正常。

（4）蓄电池组原有线缆拆除（先拆电池端后拆电源柜端），线缆接头做绝缘保护，使用临时线缆将蓄电池组连接至直流分配柜用以保护负载。

4. 原屏柜拆除

（1）原高频开关柜直流输出空开分闸，观察应急电源及直流分配屏运行是否正常。

（2）原高频开关柜交流输入空开分闸，用万用表测量确认屏柜处于无电状态。

（3）断开原高频开关柜交流电源，用万用表测量确认交流输入已无电。

（4）松开线缆连接螺丝，拆除交流输入线缆、直流输出线缆等。

（5）拆除信号及其他辅助线缆，并对线缆头做绝缘保护。

（6）拆除过程中切不可碰触在运线缆和设备。

（7）移除屏柜，清理屏位灰尘，准备安装新屏柜。

5. 新屏柜安装

屏柜安装加固满足抗震设计要求，垂直水平符合验收规范要求。安装工艺参考屏柜施工工艺。

6. 设备割接

（1）依次连接并紧固交流输入、直流输出、蓄电池、信号等线缆。

（2）使用万用表依次测蓄电池和交流输入的极性和电压，正确无误后依次合闸蓄电池空开、交流输入空开。

（3）检查设备参数正确无误，进行双交流输入切换试验及电源系统告警信号的校核。

（4）断开应急电源整流模块输出开关，合闸新增高频开关电源直流输出空开，观测设备系统运行是否正常。

（5）联合动环厂家对新增高频开关电源进行动环联调测试。

（6）应急电源无电流输出后，准备拆除应急电源。

（7）清理现场，观测电源系统运行情况，割接完成，做好机柜内防火封堵、线缆标识标签等工作。

7. 质量验收

（1）核查新高频开关电源柜运行参数与记录备案的原高频开关电源柜参数是否一致。

（2）根据电源线缆长度、温度等现场实际情况，合理设置高频开关电源浮充和均充电压。

（3）其他质量标准参照蓄电池组安装工艺、通信电源安装工艺。

第9章 通信电源典型检修技术

9.1 电源模块更换

9.1.1 操作流程

（1）查看交流进线电压值、通信电源模块配置数量、负荷电流电压值、蓄电池组浮充电流值。

（2）查看切换试验数据，确认交流电源切换装置状态正常。

（3）判断电源模块故障类型。根据电源模块告警指示判断电源模块故障类型。

（4）确认电源模块型号。确认故障模块型号与备品备件模块故障型号一致，防止发生误用。

（5）断开故障模块空开，更换故障模块。将备品备件插入到准确位置，并用螺丝固定。

（6）确认更换的模块工作正常。查看其运行状态。

（7）查看电源整流模块电流和设备负载电流。查看蓄电池电流和温度，查看电流交流输入。

（8）查看系统提示和告警信息。进入监控模块显示界面，查看提示和告警信息并对可能发生的故障进行处理。

（9）查看和修改系统参数设置。进入监控模块显示界面，对系统各项参数进行设置，包括系统的时间日期。

（10）检查整流电源工作是否正常，直流输出正常后，用万用表测量蓄电池两端电压。

（11）观察电源监控模块当前告警界面，确认无新增告警信息。

（12）观察模块正常运行10min。

9.1.2 注意事项

（1）电源模块更换作业期间，不得进行站用电倒换操作，防止通信电源交流失电。

（2）要拆除负极连接线时，必须采用绝缘胶布包扎严实，防止负极接地形成短路。

（3）防止挤伤、碰伤、触电、短路。

（4）使用扳手紧固螺丝时，开口要适当，防止使用中滑脱伤人，同时要对扳手进行绝缘化包扎。

（5）通信电源模块接线时应注意电源的正、负极性，防止接错。通电前要仔细核对接线电源极性是否正确，无误后方可加电试运行。

（6）严禁湿手接触熔断器或电源开关。

9.2 通信电源拆除

9.2.1 操作流程

（1）查看交流进行电压值、通信电源模块配置数量、负荷电流电压值、蓄电池组浮充电流值。

（2）查看切换试验数据，确认交流电源切换装置状态正常。

（3）搭接重要单电源设备临时供电电缆。

（4）断开被拆除通信电源 2 路交流进线开关，并用万用表测试确无交流电压。

（5）逐次拉开通信电源蓄电池组熔断器、直流馈线开关，确保所拆除通信电源屏柜不带电。

（6）记录好监控信号接线标识及电压监测采集接线标识。

（7）依次拆除交流进行电缆、直流馈线电缆、监控信号电缆和蓄电池组连接电缆。

（8）拆除通信电源屏柜和蓄电池组。

9.2.2 注意事项

（1）手动进行切换试验前，不得进行站用电倒换操作，防止通信电源交流失电。

（2）首先要拆除蓄电池组正极连接线，防止负极接地形成短路。

（3）使用扳手紧固螺丝时，开口要适当，防止使用中滑脱伤人，同时要对扳手进行绝缘化包扎。

（4）屏柜移除应平稳，防止倾斜和倒塌。

（5）在松动极柱上螺丝时应用力均匀，避免用力过大而导致螺丝纹路损坏，极柱变形、断裂。

（6）严禁湿手接触电源开关。

第10章　通信电源常规试验技术

10.1　模块均流检查

10.1.1　测试目的

在一个通信电源系统中，一般都配置多个电源模块，但是多个电源模块并联工作时，如果不采取一定的均流措施，每个模块的输出电流将出现分配不均的情况，有的电源模块将承担更多的电流，甚至过载，降低了模块的可靠性，分担电流小的模块可能处在效率不高的工作状态。通过电源模块的均流检查，可以了解整个电源系统各模块的均流特性，依据测试结果，将各模块的均流特性调整一致。

10.1.2　模块均流控制技术及模块输出电流检测方法简介

1. 均流控制技术简介

目前常用的均流方法有：输出阻抗法、主从设置法、平均电流法、最大电流法和采用均流控制器的方法等。

（1）输出阻抗法。通过调整电源输出阻抗以获得负载均流。负载电流较小时，该方法的均流效果不很理想，电流逐渐增大后，均流作用有所改善，但各电源单元之间电流仍不平衡。

（2）主从设置法。它是用主控电源模块作为控制模块，让被控模块充当电流源。由于误差电压与负载电流成正比，通过电流控制，可简化均流电路，若电源单元的结构相似，那么输出端的给定误差电压将使所有单元输出相同的负载电流。采用这种均流法时，一旦主模块失灵，则整个系统瘫痪。

（3）平均电流法。平均电流法不需外部控制器，用均流线连接所有电源单元，用可调放大器比较共用线的电流和各单元的电流，然后用两电流差去调整电压放大器的基准，以实现负载均流。采用该方法时，负载电流分配比较精确，但也有一些问题：当电源处于限流状态时，会导致均流线负荷降低，输出电压被调到下限值；若共用线短路或线上任何单元失效，也将产生类似故障。

（4）最大电流法。在 n 个并联模块中，以输出电流最大的模块为主模块，而以其余的模块为从模块。由于 n 个并联模块中，一般都没有事先人为设定哪个模块为主模块，而是通过电流的大小自动排序，电流大的自然成为主模块。通过比较最大电流模块与各个电源单元的电流，并据此调整基准电压以保证负载电流均匀分配。最大电流法以其均流精度高、动态响应好、可以实现冗余技术等特点，越来越受到产品开发人员的青睐。

（5）采用均流控制器的方法。通过外加均流控制器来实现均流。输出电压由高阻抗电压放大器检测，每个电源单元的电流由另一个差分电流放大器检测，从而实现负载均流。缺点是外加均流控制器法使系统变得过于复杂。

为了提高电源系统的可靠性和可维护性，采用的均流方法最好有如下特点：单个模块的故障不影响整个系统的正常运行；模块之间自动实现均流，无需人为的调整和设定，无需模块之外控制器的介入。

2. 模块输出电流检测方法

(1) 有的通信电源模块本身配置有数字电流表或指针式电流表或液晶显示屏，可以直观地读出电流值。

(2) 有的电源模块本身无电流表，但是可以通过监控器查询每个模块的电流，或者通过监控软件来查看。

(3) 还有的电源模块外置电流数字量的检测端子，输出 0～5V 的电压值，5V 相当于模块的额定电流值，通过检测电压值，再折算成电流值。

(4) 使用钳型电流表测量各模块的输出电流。

10.1.3 危险点分析及控制措施

(1) 防止人员触电。通信电源机柜内部既有交流市电，又有直流－48V，防止碰触到带电部位。

(2) 防止直流－48V 正负母线短路。直流－48V 正负母线短路将引起设备供电中断，所有金属工具应做好绝缘措施。

10.1.4 测试前准备工作

(1) 要熟悉通信电源模块的接线及电压电流调整设置。查阅通信电源的使用手册等资料，充分了解该通信电源的使用与调整方法。

(2) 测试用仪器设备准备。准备钳形电流表（可测量直流电流）、数字万用表、－48V 直流可调电子负载或放电仪、安全帽、电工常用工具、试验临时安全遮栏、标示牌等。

(3) 办理工作票并做好试验现场安全和技术措施。向其余试验人员交代工作内容、带电部位、现场安全措施、现场作业危险点，明确人员分工及试验程序。

10.1.5 现场测试步骤及要求

1. 测试接线

(1) 将－48V 直流可调电子负载或放电仪的电流调节旋钮或设定值调至最小。

(2) 将该可调负载或放电仪接至通信电源机柜上大容量输出开关或输出熔丝上，必要时也可以与蓄电池组正负极两端连接。

2. 测试步骤

(1) 记录通信电源正常工作时的系统总电流和各个模块的输出电流。计算当前的系统输出电流占整个系统额定电流的百分比。

(2) 开启可调负载或放电仪，调整电流值，使当前的系统输出电流占整个系统额定电流的 50%，记录各模块的输出电流值。

（3）调整可调负载或放电仪电流值，使当前的系统输出电流占整个系统额定电流的 75%，记录各模块的输出电流值。

（4）调整可调负载或放电仪电流值，使当前的系统输出电流占整个系统额定电流的 100%，记录各模块的输出电流值。

10.1.6　测试结果分析及测试报告编写

1. 测试结果分析

（1）测试标准及要求。根据信息产业部标准 YD/T 731—2018《通信用 48V 整流器》，并机工作整流模块自主工作或受控于监控单元应做到均分负载。在单机 50%～100% 额定输出电流范围，其均分负载的不平衡度不超过直流输出电流额定值的 ±5%。

（2）测试结果分析。将整个系统输出电流占额定电流的 50%、75%、100% 这三种情况下的各模块输出电流数据进行计算，求这三种情况下的平均值，再用每个模块的输出电流减去平均值后除以模块的额定电流，计算各模块电流的不平衡度。

2. 测试报告编写

测试报告填写应包括以下项目：测试时间、测试人员、环境温度、湿度、站点名称、通信电源型号与序列号、电源模块型号与数量、测试仪器设备型号与序列号、测试结果、测试结论、试验性质（交接、预试、检查、例行试验或诊断试验）、备注栏写明其他需要注意的内容。

10.1.7　测试注意事项

（1）测量仪表如钳型电流表、数字万用表应是经过校验的，并在有效期之内。

（2）钳型电流表在测试前，应先测试闭合导线，减小测试误差。

（3）注意区分系统总电流、负载电流、蓄电池充电电流的关系。

系统总电流＝各模块输出电流之和＝负载电流＋蓄电池充电电流＋可调负载或放电仪电流。

10.2　开关接线端子温度检查

10.2.1　红外温度测试仪介绍

使用红外温度测试仪可以从一段距离之外进行快速、非接触式温度测量。红外温度测试仪在电力系统中可作为测量温度的首选仪器。

红外温度测试仪之间区分的关键因素是距离与光点直径比，或者距离多远测温仪可以能够精确测量一个特定目标区域。高性能测温仪离目标的距离与测量光点直径之比要尽可能地大。

如图 10-1 和图 10-2 所示，与目标的距离越大，被测量区域将越大（使用 FLUKE 66 大约为距离除以 30，使用 FLUKE 68 大约为距离除以 50）。

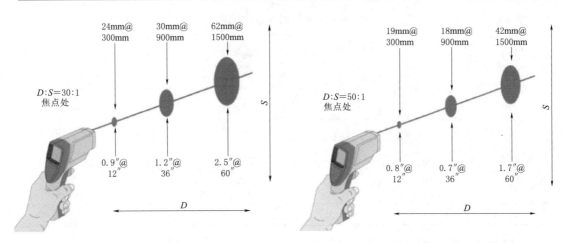

图 10 - 1　使用 FLUKE 66 可以瞄准 5m
范围内的指定目标

图 10 - 2　使用 FLUKE 68 可以瞄准 8m
范围内的指定目标

　　一般红外温度测试仪获得精确测量值与目标物体的表面状况有关，需要根据被测物体的类型正确选择红外线反射率系数，见表 10 - 1。

表 10 - 1　　　　　　　　　　红外温度测试仪常见物体反射率系数表

被测物	反射系数	被测物	反射系数
铅	0.50	氧化的铅	0.43
抛光黄铜	0.03	氧化的黄铜	0.61
黑色氧化的铜	0.78	铝	0.30
铁	0.70	生锈的铁	0.78
氧化的铁	0.84	塑料	0.95
橡胶	0.95	石棉	0.95
黑色油漆	0.96	陶瓷	0.95
钢	0.80	纸	0.95
木头	0.94	水	0.93
沥青	0.95	油	0.94

10.2.2　测试目的

　　供电系统的传输电路和各种器件的故障常常由于松动或腐蚀的接头以及压接不良所引起。这些不良接头一般会产生接触电阻，接触电阻将消耗电能产生热量，这部分热能使得线路、设备或器件的温度升高，可能会引起电气火灾或其他危险。因此电力维护人员应高度重视设备的温升值。通过对设备温升的测量和分析，可以间接地判断设备的运行情况。部分器件的温升允许范围见表 10 - 2。

10.2.3　危险点分析及控制措施

　　（1）防止人员触电，在测试过程中，不要接触任何带电部位。

表 10 - 2　　　　　　　　　　　　部分器件的温升允许范围

测 点	温升/℃	测 点	温升/℃
A 级绝缘线圈	≤60	整流二极管外壳	≤85
E 级绝缘线圈	≤75	晶闸管外壳	≤65
B 级绝缘线圈	≤80	铜螺钉连接处	≤55
F 级绝缘线圈	≤100	熔断器	≤80
H 级绝缘线圈	≤125	珐琅涂面电阻	≤135
变压器铁芯	≤85	电容外壳	≤35
扼流圈	≤80	塑料绝缘导线表面	≤20
铜导线	≤35	铜排	≤35

（2）不要用眼睛直视红外温度测试仪的光源。

10.2.4　测试前准备工作

（1）了解被测物体的材质，选择合适的反射系数。

（2）了解被测物体允许的温升值。

（3）对于测试仪器，应准备合适的红外温度测试仪。

10.2.5　现场测试步骤及要求

（1）在一个离目标尽可能近的安全位置进行测量。在离开一段距离进行测量时，要根据距离与光点直径比来了解被测目标的尺寸（参考图 10-1 和图 10-2）。

（2）根据被测物体的类型正确设置红外线反射率系数，见表 10-1。

（3）扣动红外温度测试仪测试开关，使红外线打在被测物体表面，待显示数值稳定后，便可以从其液晶屏上读出被测物体的温度。

10.2.6　测试结果分析及测试报告编写

1. 测试结果分析

根据开关接线端子的材质，将所测得的试验数据与表 10-2 进行比对，判断物体的温升是否在正常范围内。如果发现开关接线端子的温度过高，要尽快进行处理：重新拧紧端子；必要时更换开关和接线端子。

2. 测试报告编写

测试报告应包括以下项目：测试时间、测试人员、天气情况、环境温度、湿度、使用地点、检查的位置、测试结果、测试结论、试验性质（交接、预试、检查、施行状态检修的填明例行试验或诊断试验）、红外温度测试仪的型号、出厂编号，备注栏写明其他需要注意的内容。

10.2.7　测试注意事项

（1）被测点与仪表的距离不宜太远，仪表应垂直于测试点表面。

（2）红外温度测试仪仅能测量表面温度，不能测量内部温度。

（3）注意环境的影响。蒸汽、尘土和烟雾等可能会阻碍光路，影响测量精度；镜头变脏也会影响读数。

（4）红外温度测试仪无法透过玻璃来读取温度，另外测量光亮表面或抛光的金属表面，结果将不准确。

10.3 蓄电池组的放电试验

10.3.1 装置介绍

蓄电池组放电一般采用假负载来进行，假负载可以设置放电终止电压阈值、放电容量、放电时间、单节蓄电池放电阈值、放电电流等参数。当启动放电时，蓄电池电压阈值或放电容量以及放电时间达到设定指标时，自动停止放电。

下面以 BCSE—2020 蓄电池组容量监测放电仪（图 10-3）为例进行介绍。BCSE—2020 蓄电池组容量监测放电仪（以下简称"放电仪"）同时具有恒流放电功能、单体电压监测功能和容量快速分析功能，主要在放电的过程中自动监测各单节电池的端电压、温度及放电电流，根据预定设置自动停止放电，然后自动分析出电池组的容量和单体性能优劣。

图 10-3 BCSE—2020 蓄电池组容量监测放电仪

10.3.2 测试目的

按照蓄电池的使用规程，定期对蓄电池进行核对性放电程序，并在放电的过程中监测蓄电池的端电压、温度及电流等，分析出蓄电池的优劣及容量大小，找出落后单体蓄电池以使蓄电池能够保证一定的储电能力。

10.3.3 危险点分析及控制措施

1. 防止蓄电池短路

在对蓄电池进行操作时，在蓄电池回路中应串接保护开关，放置蓄电池短路。

2. 防止蓄电池极性接反

在对蓄电池进行连线操作时，应注意蓄电池和放电仪应正极对正极，负极对负极，不可接反，避免损坏设备。

3. 放电仪应保持通风

放电仪在工作时，内部的风扇会排放出大量的热量，应保持通风，密封热量聚集引发火灾。

10.3.4 测试前准备工作

（1）了解被测蓄电池的容量、品牌、使用年限以及室内温度等现场情况。

（2）放电仪应放置在通风良好的场地。

（3）办理工作票并做好试验现场安全和技术措施。

试验前交代试验内容、试验方法、注意事项以及安全防护等内容，并在现场做好防护标识牌，避免其他人员入内。

10.3.5 现场测试步骤及要求

（1）现根据要求对被测蓄电池组进行均充，时间根据蓄电池厂家要求。

（2）如现场电源系统系统仅配置一组蓄电池，则根据需要将一组备用蓄电池（4 节 12V 40Ah 蓄电池）接入系统，防止意外停电发生。

（3）将被测的蓄电池组脱离系统。

（4）蓄电池组接入放电仪，放电仪正极接蓄电池正极，负极接蓄电池负极。

（5）连接每节蓄电池的电压采集线，根据要求及线上序号一一连接。

（6）调整放电仪的控制面板，根据蓄电池容量及要求设置放电电流、放电容量、放电终止电压、放电时间等：

1）放电电流按电池容量的 $0.1C$ 设置。

2）放电容量设置为电池容量的 80%。

3）放电终止电压设置为 43.2V，单节设置为 1.8V。

4）放电时间设置为 10h。

（7）在放电仪内插入 USB 盘或使用 RS-232 线连接电脑。

（8）启动自动放电按钮，系统会自动记录放电数据。

（9）放电时工作人员在旁监护，直到放电仪自动终止放电即可。

10.3.6 测试结果分析及测试报告编写

放电结束后，用专用软件分析 USB 盘放电数据，可以直接得出蓄电池组容量、每节电池容量、内阻、终止放电电压等。

10.3.7 测试注意事项

蓄电池放电前应注意近 24h 内通信电源系统是否有停电及蓄电池放电发生，避免影响测试的准确性。

1. 蓄电池组的核对性放电

（1）仅有一组蓄电池时，不应退出运行，不进行全核对性放电，只允许用 I_{10} 电流放出其额定容量的 50%。在放电过程中，蓄电池组的端电压不低于 $N \times 2V(6V、12V)$。放电后，立即用 I_{10} 电流进行限压充电—恒压充电—浮充电。

（2）具有两组蓄电池时，一组运行，另一组退出运行。退出运行的一组进行全核对性放电，用 I_{10} 恒流放电，当蓄电池组的电压下降到 $N \times 1.8V(5.4V、10.8V)$ 时，停止放电，隔 1h 后，再用 I_{10} 电流进行限压充电—恒压充电—浮充电。

（3）经过 3～5 个循环的核对性充放电后，蓄电池组容量应达到其额定容量的 80％。

2. 蓄电池组的放电操作

采用 10h 放电率，具备条件用智能负载进行核对性放电；不具备条件时直接用实际负载进行放电。考虑到安全性，放电深度控制在 30％～50％，即蓄电池组端电压控制在 49.1V 左右。对照表 10-3 中电压值，判断电池是否正常。

表 10-3　　　　　　　　电池放出不同容量的标准电压值（10h 放电率）

放出容量/%	支持时间/h	单体电池电压/V	放出容量/%	支持时间/h	单体电池电压/V
10	1	2.05	60	6	1.97
20	2	2.04	70	7	1.95
30	3	2.03	80	8	1.93
40	4	2.01	90	9	1.88
50	5	1.99	100	10	1.80

在相应放出容量下，其测出的单体蓄电池电压值应不小于相应电压值，即蓄电池容量为正常，反之，蓄电池容量不足。

10.4　蓄电池组的充电试验

10.4.1　装置介绍

蓄电池放电维护后，需要对蓄电池进行充电，充电装置一般采用通信电源设备直接进行充电。充电时，需要检查或重新设置充电装置的充电参数，如均充电压、均充时间、均充转浮充条件（如充电电流小于蓄电池容量的 1％后转浮充），充电限流等参数。进行正确设置后，将蓄电池接入充电机装置，然后手动启动均充即可。

以下以充电装置采用德国北宁 BLT600 通信电源系统为例来说明。该系统可以手动或自动地对蓄电池进行均充。手动均充可通过监控面板进行，充电参数可通过监控器面板或使用专用软件来设置。按图 10-4 所示可以手动启动均充操作。

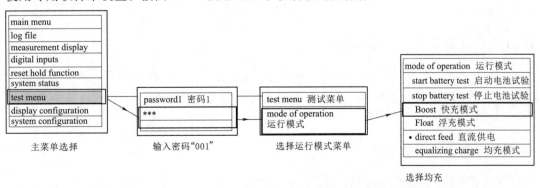

图 10-4　启动均充菜单

充电参数检查及设置菜单如图 10-5 所示。

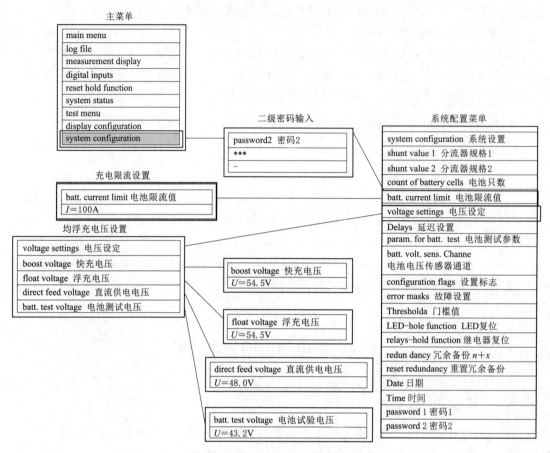

图 10-5　充电参数的检查及设置菜单

10.4.2　测试目的

按照蓄电池的使用规程，定期对蓄电池进行核对性放电后需对蓄电池进行充电，并在充电过程中持续监测蓄电池的端电压、温度及充电电流等，当蓄电池充电充满以后，自动转为浮充状态。

10.4.3　危险点分析及控制措施

应防止蓄电池大电流充电。在对蓄电池进行充电操作时，应提前设置好蓄电池的最大充电电流不得超过蓄电池允许的最大充电限流值，避免过充烧坏电池极板，减少蓄电池寿命。

10.4.4　测试前准备工作

（1）了解被测蓄电池的容量、品牌、使用年限以及室内温度等现场情况。

（2）充电机设置。充电前，应设置好均充电压、充电限流、均浮充转换控制。

（3）办理工作票并做好试验现场安全和技术措施。试验前交代试验内容、试验方法、注意事项以及安全防护等内容，并在现场做好防护标识牌，避免其他人员入内。

10.4.5　现场测试步骤及要求

（1）检查及调整充电机的设置，根据蓄电池容量及要求设置浮充电压、均充电压、最大限流、均浮充转换时间等。

1）充电参数设置。浮充电压按照每单体 2.23～2.27V 设置；均充电压按照每单体 2.35V 设置；最大充电电流按照按电池容量的 0.1C 设置。

2）均充转浮充条件。均充时间最长 10h，超过 10h 后自动转浮充；充电电流小于 0.01C 后继续均充 2h 后自动转浮充。

（2）将放电后的蓄电池接入充电机。

（3）手动启动均充。

（4）检查充电电压及充电电流是否符合要求。记录各单体蓄电池的充电电压、温度等。

10.4.6　测试结果分析及测试报告编写

给蓄电池充电时，记录蓄电池充电电压和充电电流以及各单体蓄电池的充电电压和表面温度等。

10.4.7　测试注意事项

如发现某单体蓄电池表面温度异常升高，应立即停止充电。

蓄电池组放电后，应立即转入充电，初始充电电流不大于 0.2C。当电流变小时，慢慢提高蓄电池组充电电压，达到均充电压值，再充 6h 后调回浮充电压值。

第11章 通信电源典型故障

11.1 通信电源故障排查分析

通信电源是通信系统极其重要的组成部分，是保证通信设备可靠运行的前提，一旦发生严重故障导致通信系统瘫痪，将带来极为严重的损失，因此必须充分重视通信电源的故障处理。通信电源通常采用模块化设计，在发生局部故障时一般不会扩散。当通信电源系统发生故障时，可以通过检查分析电源监控系统的告警指示，尽快找到故障点，明确排查思路，避免故障范围扩大。通信电源系统故障可分为交流配电故障、直流配电故障、整流模块故障、监控系统故障和蓄电池组故障等。

11.1.1 交流配电故障分析

通信电源的交流配电是整个通信电源的基础，直接影响开关电源设备和其他用电设备的稳定运行。交流配电故障主要是指在给通信整流模块供电的交流回路中存在故障，主要表现为整流模块全部失电、整流模块过压保护或欠压保护，同时伴随电源系统输入告警或防雷器故障的声光告警。交流配电故障主要包括交流输入故障、交流切换电路故障、交流供电电缆线路故障、防雷器件故障等。

1. 交流输入故障

当电源系统发生交流输入故障时，应及时检查交流配电屏输入和各分路空开输出情况，检查交流供电开关是否跳闸。一般通信电源都接有两路独立的交流电源，具备两路市电自动切换功能，当一路失电后，会自动切换到第二路。当通信整流模块全部失电时，应首先检查两路交流开关是否跳闸。

当交流开关跳闸时，一般是电路中存在过载或损坏性故障，需要认真仔细地排查。当发生过载性故障时，可以使用钳型电流表检查供电回路的电流，逐一打开模块的电源开关，确定是模块故障还是其他问题。

如果开关运行正常，应立即检测交流市电电压是否正常、是否缺相以及零线是否连接正常。检查交流配电最直观的方法是观察交流工作状态指示灯或交流电压表和电流表数值，通过指示灯来判断交流输入的状态，通过观察电压表和电流表判断交流电的供电质量。用万用表测量交流相电压及线电压是否与电压表显示一致，观察电压是否稳定、是否符合通信电源设备的输入电压标准。对于三相交流输入电压，是否有严重的三相不平衡或缺相现象等，对负载用电严重不平衡的应及时进行调整。

当三相交流电发生缺相时，应从交流输入线输入端查起，判断交流输入电压是否缺相。若输入端没有缺相，再对本交流配电屏内进行检查，一般情况下是由于空开与汇流排之间、或汇流排与汇流排之间连接点松动引起的。

2. 交流切换电路故障

交流切换电路大都采用交流接触器控制，接触器吸合不上、接触器温度过高等原因也是造成交流输入故障的主要原因，可以用万用表交流电压挡，检测接触器主接点两端电压，判断接触器接触是否正常吸合并连通电路。

当出现接触器吸合不上情况时，要检测交流接触器的线圈电压是否正常。如果线圈电压正常，可以断开输入开关后，通过检测线圈电阻值来进一步判断线圈是否烧坏。如果线圈完好，则有可能是接触器电子互锁装置有问题，或者是该装置出现了过电压保护，可视具体情况决定是否需要更换接触器。当检测不到电压时，需要检查双路切换的控制电路，主要检查控制电路供电熔丝是否熔断、有没有可见的元器件烧坏痕迹等。

接触器温度过高与接触器本身主接点接触电阻有关，如果接触电阻过大，当通过电流过大时，就会引起接触器温度升高，必须及时更换新的交流接触器。

在检修双路切换电路时，最好和通信电源的供应商联系，取得他们的技术支持。当确认是交流接触器损坏时，断开输入开关或熔丝后，更换相同规格接触器。控制电路故障时，更换电源厂商提供的配件。

3. 交流供电电缆线路故障

交流供电电缆线路故障主要表现为交流供电线路的电缆出现表皮颜色异常，温度过高，其根本原因是供电线缆线径较细，承担了较大的电流，长时间运行引起线缆过热，需更换较粗的电缆。

交流输入端子、开关接点、交流接触器端子接点等连接点松动也是造成线缆发热，进而影响供电的重要原因，需重新压接端子接线，拧紧螺丝。

4. 防雷器件故障

防雷器件一般接在两路交流切换电路后，通常防雷器故障时，防雷器的显示窗口会显示红色，同时电源系统会提示防雷器故障。可以将防雷器模块直接拔出，更换相同规格防雷器即可。如防雷器的显示窗口均为绿色，可检查防雷模块是否松动，将松动的模块安装牢靠。

11.1.2　直流配电故障分析

通信电源的直流配电故障主要是指通信整流模块直流输出回路存在故障，主要表现为直流输出电压过高或过低、负载设备直流供电中断、直流回路熔丝熔断、电池充电电流不能限流、整流模块不能均流、直流防雷器故障等。直流配电故障根据故障现象以及电源系统的告警进行分析后，判断是整流模块、监控器问题还是输出开关或熔丝问题，直接更换相关配件即可。

1. 直流输出电压过高或过低

当直流输出电压过高或过低时，可以先检查整流模块的输出电流表显示，当某一整流模块电流表显示电流过大或过小时，可以将此模块退出系统，再检测输出电压是否恢复正常。还可以逐一将整流模块退出系统，通过检查输出电压是否恢复正常来判断，从而确定哪个模块有问题。另外要注意一点，当蓄电池放完电再充电时，电压会比较低，可以通过查看充电电流来确定。

2. 负载设备直流供电中断

当负载设备直流供电中断时，应检查通信电源侧相应的供电开关或熔丝是否正常，检测开关输出、输入侧的电压是否正常。开关输出侧电压正常，说明供电线路存在断路故障。开关输入侧电压正常而输出侧无电压，则可以判断是开关损坏，更换相应配件后，还要用钳型表检测电流是否正常。

当负载开关频繁跳闸时应检查负载电流是否大于开关容量，是则换合适容量的开关；不是则检查开关端子是否松动，因松动而引起的发热也容易使开关跳闸。

3. 直流回路熔丝熔断

直流回路熔丝主要指整流模块的输出至汇流排的熔丝和汇流排至直流分配屏的熔丝。大部分直流输出至负载使用开关控制，也有一些大电流输出采用熔丝控制。整流模块至汇流排的熔丝熔断后，可以通过观察模块的输出电流表或用钳型表检测模块的输出电流来进行判断。拆下熔丝后，用万用表电阻挡或导通测试挡进行检测。注意不要用万用表电阻挡直接在线测量，易导致万用表烧坏。

汇流排至分配屏的熔丝一般配置的容量较大，不易损坏。如果发生熔断，一般是负载回路或输出线路中存在短路现象。应对负载回路或供电线路逐一进行排查。汇流排直接通过熔丝接负载的，应检测负载的启动电流和正常工作电流。

4. 电池充电电流不能限流

当电池在放电结束后，在重新充电的过程中，充电限流值一般设定为电池容量的 1/10，可以查看充电电流表显示。电池充电不能限流一般是由于充电电流过大，超出设定值。首先应该检查电源监控器的充电电流设置以及电池电流分流器的参数设置，另外要检查每个整流模块的电流值是否有过大或过小的现象。充电电流不能限流的主要原因有：①电源监控器电池充电限流设置或分流器参数设置有误；② 某个整流模块存在故障；③ 电源监控器本身故障。

5. 整流模块不能均流

并机工作整流模块自主工作或受控于监控单元应做到均分负载。在单机 $50\% \sim 100\%$ 额定输出电流范围，其均分负载的不平衡度不超过直流输出电流额定值的 $\pm 5\%$。

整流模块不能均流时，可以查看每个模块的输出电流，找出电流最大或最小的模块，如果关闭该模块后电流恢复正常，则是模块故障。另外，有些种类整流模块的输出电压可以微调，可以在电源供应商技术人员的指导下，微调那些电流过高或过低的模块输出电压，并注意观察模块电流显示。

6. 直流防雷器故障

检查防雷模块的窗口是否变为红色，变红则表示模块故障，需要拔出予以更换，如防雷器的显示窗口均为绿色，可检查防雷模块是否松动，将松动的模块安装牢靠。

11.1.3　整流模块故障分析

通信电源系统中整流器通常采用模块化配置，且冗余配置多个整流模块。当多个或全部整流模块故障往往伴随其他交直流配电故障，这里主要分析单个整流模块故障。整流模块故障主要表现为整流模块无输出故障、整流模块过热故障等。

1. 整流模块无输出故障

首先检查交流电输入是否已经供到了整流模块，检查整流模块的输入熔丝是否熔断或者整流模块电源空开是否跳闸，用万用表检查整流模块输入端是否有电压。同时测量交流输入电压是否在正常范围内，如果交流电压不正常，那么整流模块可能处于保护状态，需检查调整输入电压。整流模块通常也具有过流保护功能，此时面板上的限流指示灯亮，可以尝试重启整流模块。还有一种情况是模块本身发生故障，此时需要更换故障模块。

2. 整流模块过热故障

整流模块内部主散热器上温度超过设定值时，模块停止输出，此时监控单元有告警信息显示。模块过热可能是因为风扇受阻或严重老化、整流模块内部电路工作不良引起，对前一种原因应更换风扇，后一种原因需对该整流模块进行维修。

11.1.4 监控系统故障

电源监控系统通过实时采集并分析统计各类信号实现对通信电源系统的检测及控制，是掌握通信电源的运行状态，及时发现异常的重要途径。当发生监控系统故障时一般不会直接造成通信电源系统运行故障，主要表现为通信异常、控制失效及误告警。

1. 通信异常

当监控器出现通信错误或无法通信时，先检查电缆连接情况是否良好，还可以重启监控系统，或者直接更换监控器。

2. 控制失效及误告警

检查监控器内部配置以及外围模块的通信指示是否正常，如外围功能模块通信指示不正常，则检查连接线，或更换外围模块、监控器等。

11.1.5 蓄电池组故障

蓄电池组故障主要表现为放电时间不足，容量不合格，无法在通信电源交流输入切换或无法在交流输入故障时为通信电源负载有效供电，或供电时间不满足运行要求。根据Q/GDW 11442—2020《通信电源技术、验收及运行维护规程》规定"通信站蓄电池组供电后备时间不小于 4 小时，地处偏远的无人值班通信站应大于抢修人员携带必要工器具抵达通信站的时间且不小于 8 小时"。此外，蓄电池组故障还表现为蓄电池电压或内阻异常及蓄电池变形、裂纹或泄露（电解液）等。

蓄电池组一般故障通常不会对通信电源运行造成较大影响，但是电池组在发生严重故障时，将极大威胁通信电源系统运行，此时应避免蓄电池组直接对负载供电，并立即更换蓄电池组。更换蓄电池组应注意不同品牌、不同型号、不同容量、不同时期的蓄电池组严禁并联接入同一套通信电源中使用。蓄电池组内更换单体电池时，须选取与同组内其他电池参数特性相近的电池。

1. 蓄电池组容量不合格

通信蓄电池组若经过 3 次全核对性放充电，蓄电池组容量均达不到额定容量的 80%以上，可认为此组阀控式铅酸蓄电池不合格，应根据蓄电池组实际容量情况及时安排更换。

在－48V 电源系统中，当蓄电池组单独对负载供电时，蓄电池组端电压在较短的时间内便迅速降至 43.2V 以下的情况视为蓄电池组容量严重不合格，存在极大的运行风险，应在保证交流可靠的前提下立即更换蓄电池组，在此期间应避免进行站用电倒换操作，防止造成交流输入中断。

2. 蓄电池电压或内阻异常

当蓄电池电压或内阻出现异常时，可用万用表及内阻测试仪多次测试确认故障，必要时立即断开蓄电池组连接回路，视具体情况决定是否更换蓄电池。

3. 蓄电池变形、裂纹或泄露

当蓄电池变形、裂纹或泄露（电解液）时，可视情况严重程度决定是否断开蓄电池组连接回路，是否更换蓄电池等。

11.2　典型案例分析

【案例 1】　通信电源模块均流故障

故障现象：某供电公司的一套通信电源，在巡检中发现 6 台电源模块中的其中一台模块的输出电流显示只有 1A，其他模块的电流都在 7A 左右。

检查分析：关闭该台模块，退出系统；将该台模块接上交流电源开机，检测输出电压正常，带载能力也正常，判断是内部均流控制电路故障。

故障处理：更换一台新模块，检测各模块的输出电流，电流显示值基本一致，均流功能正常。

【案例 2】　交流市电控制回路故障

故障现象：某供电公司所属路灯所一套通信电源早上巡检时发现电源模块已全部停止运行，只有蓄电池在维持供电。

检查分析：该套电源具备交流市电双路自动切换，但该站点只能提供一路市电；检查市电输入电压正常；检查交流接触器没有吸合，进一步检查交流接触器线包端无电压，而线包电阻值正常，判断交流接触器正常；检查给控制回路供电的电源变压器，次级无任何电压，断开市电测量该变压器初级电阻值为无穷大，判断该变压器已经烧坏。

故障处理：①应急处理，因第二路市电输入没有使用，控制回路应是正常的。断开交流配电屏该路市电开关后，将第一路市电接线端子移至第二路，检查无误，接通市电，逐一开启电源模块，恢复正常供电。②彻底处理，向电源供应商购买同规格变压器，在断开两路市电的情况下，更换该变压器。

【案例 3】　监控模块故障

故障现象：某变电站，通信电源仅具有一路交流输入，在输入电压正常的情况下监控器发出市电故障告警，同时蓄电池开始放电。

检查分析：监控器发出市电故障，蓄电池开始放电，初步怀疑是市电输入中断或市电控制电路发生问题。测量市电输入端子侧检查交流输入三相电压正常，继而检查市电监控模块显示市电故障指示，检查市电监控模块过欠压设置正常，故判定为模块故障。

故障处理：更换备品后系统恢复正常。

【案例 4】 整流模块故障

故障现象：某330kV变电站监控系统显示通信直流电源告警信息，通信检修人员前往现场检查发现监控屏上显示整流模块故障，整流模块面板上的"告警"灯黄灯闪烁。

检查分析：由厂家提供的使用手册可知，监控模块显示信息表示整流模块2未接入或开关未合上。经检查整流模块有电流输出，且电流容量大于7A，但风扇未转动。初步判断为整流模块温度过高。现场对风扇进行清扫处理后风扇运转正常，但整流模块面板上的告警信息没有消失。若更换新的整流模块，告警信息消失则定位故障为整流模块故障。

故障处理：检修人员使用备用模块进行替换后，告警信息消失。重新将原有整流模块换回后，监控系统又显示告警。

【案例 5】 电源监控器故障

故障现象：某750kV变电站，信通公司工作人员发现直流输出电压47.44V欠压告警，后派人到现场发现电源柜的电源模块关机，蓄电池放电欠压告警。关闭监控器后重新开启，整流模块工作正常。

检查分析：根据现场故障描述及对故障监控器的检测可以得出如下结论：电子元器件工作的稳定性、老化速度与环境温度息息相关，监控器长期运行在温度较高的条件下，同时温度的冷热变化会引发短暂的半导体温度差，从而产生热应力与热冲击，导致监控器内部的编程芯片老化，使得监控器内部RAM数据发生改变或者程序指针跳转到关机指令代码，从而导致电源模块关机。

故障处理：更换泰坦电源监控器，新的泰坦电源监控器的总线接口的开关机控制脚使用拨码开关屏蔽，使得监控器对电源模块的关机功能失效，即使监控器内部受到强干扰或者接到错误关机指令，也不会使电源模块关机，如需恢复开关机功能将拨码开关拨上即可。对监控器上没有拨码屏蔽开关，可将泰坦监控器的总线接口的开关机控制脚割断，使监控器对电源模块的关机功能失效。

【案例 6】 交流接触器故障

故障现象：某信通公司运维人员通过网管监控发现多个厂站华为光传输设备产生R-LOS告警，经网管检查是某变电站华为光传输设备故障。

检查分析：该变电站有北京动力源DMU-48V/25D2和DMU-48V/25D3两套电源系统，各带一组蓄电池。DMU-48V/25D2一路输出到直流分配屏；DMU-48V/25D3一路输出接华为2.5GB光传输设备，一路输出到直流分配屏。中兴光传输设备由直流分配屏提供工作电源。现场实际运行情况为中兴设备运行正常，华为2.5GB传输设备电源失电，停止运行。经检查，发现该站华为2.5GB光传输设备直流通信电源输入-48V无电压；北京动力源DMU-48V/25D2和DMU-48V/25D3两套电源系统中各自的整流模块停止工作；分别对两组蓄电池电压进行测量，电压为40.3V和39.8V。对交、直流配电屏的两路交流输入进行检查，测量后发现屏内两路交流输入电压正常，但交流无输出，导致通信电源无交流输入停止工作，由蓄电池为中兴光传输设备供电。交流分配屏内交流输入1的时间继电器1指示灯亮，屏内交流输入2的时间继电器2指示灯灭。

经过现场检查及对继电器进行还原，并做交流输入空开切换试验得出结论：交、直流配电屏内时间继电器2故障，交流接触器1故障是造成本次通信直流电源故障的直接原因。

故障处理：经与厂家技术人员联系后，指导将交、直流配电屏内时间继电器 1 更换到时间继电器 2 的位置，更换后交流接触器 2 自动投入工作，交流分配屏输出正常，DMU－48V/25D2 和 DMU－48V/25D3 开关电源恢复正常工作，华为 2.5G 传输设备运行正常，地区传输网恢复运行，经核实各项业务均已恢复。

【案例 7】　电源接线错误典型故障

故障现象：某信通公司检修人员进行 110kV 张某桥变电站中兴通信电源负载（包括中兴传输设备屏、数据通信网设备屏）倒换至某市通信电源的检修工作，现场工作班成员含通信及信息专业相关人员。工作中，110kV 张某桥变电站数据通信网发生网络中断，H3C S5800 交换机和 H3C SR6608 路由器双路电源同时中断告警。同时 110kV 张某桥变电站数据通信网承载的视频监控、计量采集、信息内网等业务中断。

检查分析：经过对现场工作步骤核对，排除了误动误碰的可能性。根据 H3C SR6608 路由器双路电源同时中断的特征，要求现场检修人员对设备接线进行清理。现场检修人员核对后反应，H3C SR6608 路由器两路电源的负极分别接在机顶分配单元左路的中兴通信电源和右路的许继通信电源的负极分路空开上，连接良好；而两路电源的工作地则都接在机顶分配单元的中兴电源工作地排上，连接良好。

具体原因：H3C SR6608 路由器发生电源失电故障，是由于其两路电源的正极都接在了数据通信网机顶分配单元左路中兴通信电源的工作地排，同时中兴通信电源分路工作地排和许继通信电源工作地排没有接入同一接地网，当中兴通信电源退出运行后，H3C SR6608 路由器的两路电源正极都断开了，虽然右路许继通信电源负极空开分路还处于接入状态，但正极被切断后，无法形成电流回路，导致 H3C SR6608 路由器失电。

故障处理：现场检修人员将数据通信网设备屏机顶分配单元左路的中兴通信电源正、负极接线拆除，改接为某市通信电源正、负极接线；同时将 H3C SR6608 路由器电源的工作地由机顶分配单元的原左路中兴通信电源工作地排改接到右路许继通信电源的工作地排上。随后，H3C SR6608 路由器两路电源恢复正常，H3C S5800 交换机电源恢复正常。

【案例 8】　稳压电源设备故障

故障现象：某信通公司工作人员监控发现某光中继站站内业务全部中断，可能为电源故障，情况紧急。

检查分析：检修人员到达现场，打开通信机房大门后，闻到刺鼻的烧焦味，经排查，将故障点确定为 1 号三相交流稳压电源、2 号三相交流稳压电源，该两套稳压电源空气开关均已跳闸，其中 1 号三相交流稳压电源线圈已烧毁，2 号三相交流稳压电源正常。

具体原因：市电输入不稳定导致 1 号三相交流稳压电源线圈烧毁，同时导致两套稳压电源空气开关跳闸，在站内蓄电池及太阳能充电装置供电 3 天后中断供电。

故障处理：检修人员将 2 号三相交流稳压电源空气开关投运，设备恢复供电，业务恢复正常运行。因 1 号三相交流稳压电源线圈已烧毁，无法正常投运，检修人员遂将市电输入跳过 1 号三相交流稳压电源，直接通过 1 号三相交流稳压电源的空气开关接入 1 号通信电源设备，保障 1 号通信电源的正常市电输入。随后，该光中继站站内业务全部恢复正常。

【案例 9】 空开越级跳闸典型故障

故障现象：某供电公司通信运检班在一号电源室巡视时发现，1 号许继通信电源 5 号模块故障，双路交流输入中断，蓄电池放电。

检查分析：经排查发现，由于 5 号整流模块短路烧毁，导致通信电源柜前端 AP2 配电柜内标识为直流电源柜 1 号输出空开越级跳闸，第一路交流输入中断（主用），在自动切换至第二路交流输入后，由于短路故障点仍未排除，导致 2 号电源室旁路柜内 $2QF_{23}$ 输出空开同样越级跳闸，第二路交流输入中断（备用）。至此，1 号许继通信电源失去双路交流输入。

具体原因：1 号许继通信电源的每一个整流模块输入侧未经过一个独立空气开关，就直接接到交流母线上，在单个模块发生短路时，母线电流上增大，造成整个一路交流输入中断。其次，通信电源屏内第一路交流输入空开 QF_1 和第二路交流输入空开 QF_2 配置容量为 63A，而它们对应的上级的空开配置容量分别为 40A 和 63A。上级空开额定容量小于下级空开额定容量，导致了越级跳闸。

故障处理：现场人员将故障模块取出，对相应的空开重新进行分合闸后，通信电源恢复正常运行。同步对故障模块进行了更换。

【案例 10】 反送电典型故障

故障现象：在进行蓄电池充放电试验的过程中，发现了有反送电现象。

检查分析：当时的情况是 A 组蓄电池放电结束后，用 A 电源对其进行恒流充电，充电电流为 50A，但是通过测量电缆的电流高于 50A，这就证明有其他设备与 A 电源同时进行充电，通过测量发现是 B 电源也在对 A 组蓄电池充电，但是 A 电源与 B 电源是完全隔离的两套电源，这就判断反送电的节点在负载侧，肯定有某个负载没有将主备两路输入进行隔离，导致反送电现象的发生。

故障处理：经过电流正负方向的变化逐路测试，最终找到反送电设备，为了解决这个问题，决定为这台设备增加一台含有隔离二极管的架顶电源，这样一来就将两路输入完全隔离，从而根本解决了反送电问题的发生。

第12章 通信电源新技术

12.1 系统概述

12.1.1 概念及适用范围

在电力通信网中，现有的 DC48V 通信电源系统的配套蓄电池组是以串联方式接入的。串联型蓄电池组存在诸多问题，包括单节劣化影响整组性能、难以在线进行蓄电池组核容、性能不同的蓄电池组无法混用等，这些棘手问题都亟须从改变结构入手才能得到根本性解决。

SPA—4810 柔性电源阵列系统（并联型通信直流电源系统）是深圳市泰昂能源技术有限公司基于并联直流电源技术自主研制开发的通信电源系统。整个系统由多个电源变换模块和电池模块阵列布置而得名柔性定义电源阵列（softdefine power array，SPA）系统，主要组成模块为 PB4810—2 并联型通信电源模块。

SPA—4810 柔性电源阵列系统（并联型通信直流电源系统）适用范围：各种电压等级变电站的通信电源系统；智能配电 DC48V 直流电源用电场所。其他 DC48V 电源领域。

12.1.2 系统特点

SPA—4810 柔性电源阵列系统采用并联直流技术，将单体蓄电池（小组）经过并联电源变换模块接入通信电源系统的直流母线提供直流供电后备。

串联型直流电源系统和并联型直流电源系统的对比示意图如图 12-1 所示。

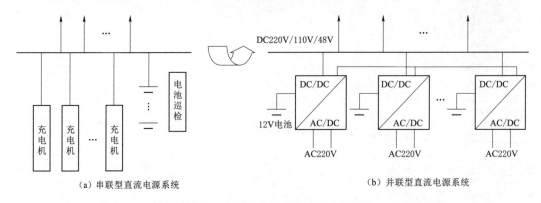

（a）串联型直流电源系统　　　　　　　　（b）并联型直流电源系统

图 12-1　串联型直流电源系统和并联型直流电源系统的对比示意图

SPA—4810 柔性电源阵列系统从根本上革新了蓄电池单体之间的连接方式，由此衍生出以下一系列技术优势（四解"药"）：

114

（1）解决安全性顾虑。单体电池故障不再影响整组。

（2）解除工作量困扰。实现蓄电池在线全容量核容。

（3）解决备品件麻烦。不同时间、不同品牌、不同类型蓄电池可以混合使用。

（4）减少操作烦琐项。模块、蓄电池在线检修更换。

12.1.3 系统说明

1. 系统原理

SPA—4810 柔性电源阵列系统（并联型通信直流电源系统）主要由总监控模块、PB4810—2 并联型通信电源变换模块、蓄电池、交流配电单元、直流监控单元、馈线监测单元、直流配电单元等组成。

并联电源变换模块及并联直流系统原理示意图如图 12－2 所示。

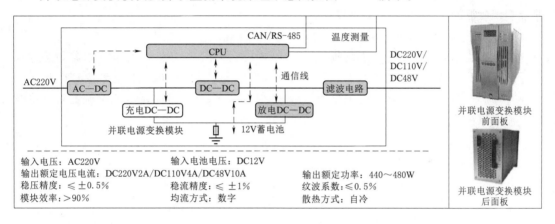

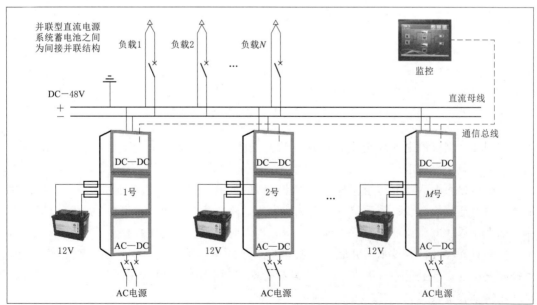

图 12－2 并联电源变换模块及并联直流系统原理示意图

　　并联型直流电源系统基本结构为：单个 12V 蓄电池（串）与一台并联型电源变换模块相连，组成一个并联电源组件，类似的多组件模块的直流高压输出端并联形成直流电源母线。系统中的并联型电源变换模块由一个 AC/DC 整流电路、一个蓄电池充电 DC/DC 降压电路、一个蓄电池放电 DC/DC 升压电路等组成，专用数字信号处理（digital signal processing，DSP）芯片进行采集、计算和控制。

　　正常运行方式下，AC220V 通过并联型电源变换模块 AC/DC 电路后输出至直流母线带载，输出电流通过均流控制器局域网络（controller area network，CAN）总线控制，实现负荷电流在各组件之间平均分配；交流电源通过充电 DC/DC 降压电路对模块下连接的单个蓄电池（串）进行充电管理；同时每个组件的单个蓄电池（串）通过放电 DC/DC 电路升压后与整流 AC/DC 电路输出并联。由于整流 AC/DC 电路通过二极管输出的电压比放电 DC/DC 电路输出电压略高，正常运行时由整流 AC/DC 电路带载，而交流供电中断时能实现放电 DC/DC 电路无切换带载。

　　2. 关键技术

　　（1）系统过载及馈线短路隔离技术。由于在并联直流系统中，所有电流均需要通过并联电源变换模块输出，因此存在模块保护与外部保护电器配合问题。目前解决这个问题主要通过两个方面：①并联电源变换模块过载输出特性；②外部串联蓄电池续流电路。并联型直流电源系统过载续流回路原理图如图 12-3 所示。

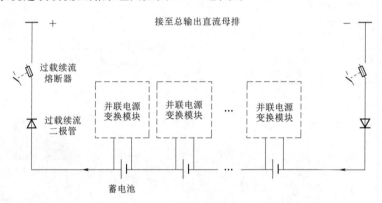

图 12-3　并联型直流电源系统过载续流回路原理图

　　利用并联型直流电源系统中各支路电池与交直流母线及其他支路电池完全隔离的结构，以低于直流母线电压的 3 只 12V 电池串联，通过放电二极管、保护熔断器与 DC48V 直流母线连接。串联蓄电池组只具有对直流母线的放电通路。正常运行时，由具有稳压功能的并联电池模块带载；当系统负荷过载或发生短路故障时，仍然由并联电池模块提供电流，如直流母线电压拉低到串联电池组电压，则同时由串联电池组提供续流。

　　（2）自动在线核容技术。并联直流技术提供了对单体蓄电池一对一管理的物理条件，可按照通用的 10h 放电率 [$0.1C_{10}$，C_{10} 为蓄电池 10h 率额定容量（Ah）] 进行放电，实现自动在线全容量核容。

　　系统投运后核对性放电功能默认为关闭，通过监控遥控界面启动该功能。通过监控可以设置手动启动或自动状态。核容过程中交流掉电，该模块维持核容至结束，核容过程中遇到不满足条件,跳转后继续核容。模块核容完成后立刻转均充,均充完成后处于浮充,可以通过监控导出核容数据。

1)自动在线核容。系统利用母线上负载,通过监控控制 PB4810—2 模块,逐一实现对各个蓄电池 $0.1C_{10}$ 放电直至蓄电池终止电压点并停止放电,同时进入充电阶段。整个核容过程中模块内部 CPU 记录单位时间内蓄电池放电过程中的容量,并累计整个核容过程中容量,并将此容量上传至监控,用来显示核容后的物理容量。

2)核容控制方式。通过 IPM‐DM 监控屏与模块通信,实现对各模块在线核容命令下发,利用直流系统在线负荷,逐一实现对各个蓄电池的在线核容。

3)核容条件。系统能实现核容需要同时满足以下条件:①系统交流输入正常;②蓄电池处于浮充电阶段;③直流系统的负荷能满足核容所需的最小负载(DC220V 系统为 2A,DC110V 系统为 4A,DC48V 系统为 10A)。

如果核容后报低于 80% 标称容量告警,更换好蓄电池后,点击遥调界面的告警信息,告警消失,会重新下发核容命令对更换后的蓄电池进行核容。不更换蓄电池时,可修改核容基准时间及点击遥调界面的告警信息,实现信号复归。

(3)数字均流技术。从本质上讲,功率模块并联运行需要均流主要是由于模块输出是电压源性质,输出电压的微小偏差会导致输出电流的很大差别,如果不均流就会导致模块无法合理地分配系统负载。传统模拟方式的均流由于存在线路阻抗高的时候均流度差、模块均流数量少、离线模块难于退出均流等问题,影响了模块的均流。但是随着模块电源的数字化发展,CAN 总线均流得到了广泛的运用。

CAN 总线数字均流法可以提高各模块的平均寿命,在交流事故下还可以改善各电池放电时间的一致性。通过 CAN 总线的信息交互,采用一种一主多从方式,从而调节各个模块电压的幅值,最终实现模块均流。其中 CAN 的地址确定可以由功率模块的拨码开关确定,而 CAN 传播速率默认为 125kbit/s。在上电后每个功率模块都在 CAN 总线上广播自己的地址与本机 CAN 状态。模块上电后几秒钟就可以确定 CAN 主模块,主模块可以确定模块个数,并计算平均电流,然后下发平均电流给各从模块;从模块调节本模块电压,进行均流。其中,主模块只进行运算,不进行均流。而从模块全部调节好电流后,剩余的电流自然就分配给主模块了。主模块下发的均流指令是用自身的电流减去平均电流作为指令,从模块接到均流指令后,若本模块电流大于平均电流,则本模块均流环是平均电流减去实际电流,然后两者做比例积分调节(PI 调节),这样均流环的最终调节输出量为一个负值,再叠加到电压环上,就会将电压指令降低,通过反馈环路闭环调节,最终使得输出电压降低。另外,被设置为核容的功率模块无需参与均流,会在收到监控下发的核容指令后,动态自动退出均流调节。

(4)智慧管理技术。并联直流电源组件中智能模块可对每节蓄电池单体进行精细化管理,包括电池充放电管理、定时均浮充管理、温度补偿、容量监测、各种完善保护等。在并联电池模块与监控连接失效状态下,按默认参数对电池进行管理;与监控连接有效状态下,按监控设置参数进行电池管理。

内阻测试(选配)在系统投运后功能默认为关闭,通过监控遥控界面启动该功能。通过监控可以设置手动启动或自动状态,系统利用母线上负载,通过监控控制 PB 模块,实现对各个蓄电池内阻测试，测试完成后显示在模块参数界面。

12.1.4　基本组成部件及功能

1. 总监控模块

总监控模块对直流电源进行系统管理，对系统的并联电池监控模块、交流监控单元、直流采集单元、馈线监测单元、并联电源变换模块进行统一管理，实现直流电源智能化管理、监测、告警等功能，使分布式集中监控的模式成立并实现后台远程通信功能。

2. 并联电池监控模块（选件）

并联电池监控模块对并联电源变换模块进行实时在线监测、控制等管理，对每个并联电源变换模块、蓄电池的实时运行状态、参数进行监测，以及对蓄电池的在线核容管理等，并通过 RS-485 串行接口将检测的信息传送给电源系统总监控模块，作为总监控模块管理电源系统和处理故障告警的依据。

3. 交流监测单元

监测双路三相交流输入电压、电流，监测交流接触器状态。通过 RS-485 串行接口将检测的信息传送给系统总监控模块，作为总监控模块管理电源系统和处理故障告警的依据。根据监测的交流输入电压自动完成双路交流输入的自动切换，实现双路交流互为备用供电。

4. 直流采集单元

实时在线监测直流母线电压、电流，通过 RS-485 串行接口将检测的信息传送给系统总监控模块，作为总监控模块管理电源系统和处理故障告警的依据。

5. 馈线监测单元

实时在线监测直流馈线回路的漏电流、馈线开关的分合状态、故障脱扣状态以及为馈线漏电流监测霍尔传感器提供 12V 工作电源，并通过 RS-485 上传给系统总监控模块；馈线监测单元可进行并机扩展满足系统的需求。

6. 并联电源变换模块

并联电源变换模块具有内部交流状态、电池状态、输出过欠压告警、风扇告警、模块过温告警等状态或功能，并提供稳定的 48V 直流电压，并通过 RS-485 上传给系统总监控模块。

12.2　典型应用案例

12.2.1　基于并联直流的无线专网供电方案

电网公司由无线公网改无线专网的初衷就是能具备安全可靠性方面的自主性。无线专网电源直接从变电站一体化电源扩容得到。

1. 问题说明

（1）目前变电站操作直流电源系统蓄电池组存在结构性问题，其运维、技术改造压力较大。

1）108/54 只 2V 电池串联，其中一只电池故障则备用电源崩溃。目前的蓄电池在线监测技术尚不能有效判断出故障电池。

2）串联结构的蓄电池之间要求严格的一致性，新旧电池不能混合使用，电池利用率存在问题。

3）蓄电池在线远程核容必需配置 2 组电池，且操作复杂。

（2）依赖于串联结构蓄电池组的无线专网电源可靠性难以独善其身。

1）通过 AC—DC、DC—DC 得到的通信 48V 电源，其可靠性最终取决于变电站操作直流电源系统蓄电池组，此取电方式难以独善其身。

2）通信电源按传统的串联蓄电池模式同样存在类似问题，核容工作量较大。

（3）从"根"上解决串联蓄电池结构问题，无线专网才能立于不败之地。

2．无线专网并联直流原理和配置方案

（1）原理。

1）并联变换模块包含 3 个电路。正常情况下，交流电通过 AC—DC 整流以后带动负荷，同时交流电整流之后，通过 DC—DC 降压后给蓄电池充电。交流失电时，蓄电池通过 DC—DC 升压带动负荷。

并联电源变换模块原理图如图 12-4 所示。

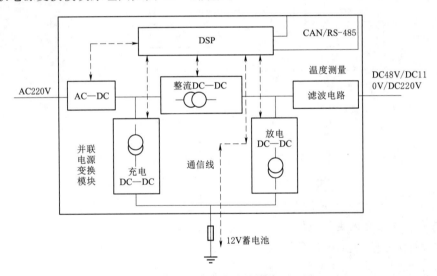

图 12-4　并联电源变换模块原理图

2）系统组成。1 个电池＋1 个模块组成并联电源组件。区别于常规串联直流电源系统，无需将蓄电池组直接挂在母线上，无需蓄电池巡检装置，绝缘检测、馈线等部分与传统串联直流系统相同。

3）系统功能。

a. 并联型电源组件的蓄电池与交流母线、直流母线全部隔离，在电池损坏的情况下，完全不影响交流、直流母线。得益于结构设计，不同电池之间没有直接关联，因此不同品牌、不同使用时间、不同类型的电池可以混合使用。

b. 通过多个组件并联供电，互为备用，其中某一个电池损坏对系统没有影响。得益于并联型结构，模块、蓄电池均可以实现不停电更换。

c. 通过模块和电池一对一管理，可以对单个蓄电池进行在线核容。

基于并联直流的无线专网电源系统如图 12-5 所示。

（2）配置方案。PB48V10A 模块，4 只；12V/200Ah 铅酸蓄电池，4 只；监控，1 个；馈线输出：1 面 600mm×600mm×2260mm（宽×深×高）。

基于并联直流的无线专网电源系统组屏如图 12-6 所示。

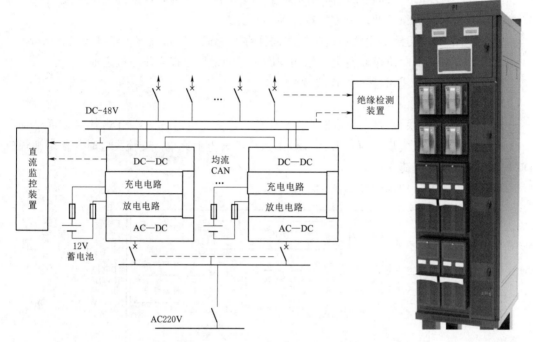

图 12-5　基于并联直流的无线专网电源系统

图 12-6　基于并联直流的无线专网电源系统组屏

3. 三种设计方案优缺点分析

三种设计方案优缺点分析见表 12-1。

表 12-1　三种设计方案优缺点分析

序号	比较内容	原方案 1	原方案 2	基于并联直流方案 3
1	改造思路	基于 220kV、110kV 变电站一体化电源原通信电源屏柜扩容	基于 220kV、110kV 变电站一体化电源新设置屏柜扩容	完全抛开 220kV、110kV 变电站一体化电源，模块、电池独立配置自成系统
2	经济性	5 万元	3.7 万元（设备 3.5 万元＋施工 0.2 万元）	5 万元（设备 4.8 万元＋施工 0.2 万元）

序号	比较内容	原方案1	原方案2	基于并联直流方案3
3	施工难度	需要协调运检部门；站内通信设备带电，存在施工和安全风险；且可能存在部分站点，现有电源屏柜的面板无空间改造	在空余柜位新增设备	新增1面柜（600mm×600mm×2260mm，宽×深×高）
4	运维难度	对现有电源改造，可以解决电源老化问题，使站内一体化电源设备可靠性和安全性提高；接所用220V直流电源，在交流断电情况下由站用蓄电池供电。 主要问题：依赖于串联结构蓄电池组的无线专网电源可靠性方面难以独善其身	新增转换电源，占用机柜空间，增加电源监控和运维成本；新增转换电源设备分别输入一路220V直流和一路220V交流。 主要问题：依赖于串联结构蓄电池组的无线专网电源可靠性方面难以独善其身	蓄电池实现在线自动核容，无需人为干预；模块、电池可在线检修更换；不需针对特定电池品牌做备用；模块、电池独立，可靠性掌握在自己手里

通过对比分析，可得到并联直流的特点如下：

（1）解决安全性顾虑：单体电池故障不再影响整组。

（2）解放工作量困扰：实现蓄电池在线全容量核容。

（3）解脱备品件麻烦：不同时间、不同品牌、不同类型蓄电池可以混合使用。

（4）解除操作人繁琐：模块、蓄电池在线检修更换。

4. 总结

并联型直流电源系统2010年在业内首次提出，通过对蓄电池之间连接方式进行创新开发而形成的新一代直流电源系统技术。目前该技术已在110kV及以下变电站操作直流电源系统中规模化应用，已在220kV变电站操作直流电源系统、各种电压等级变电站通信电源系统中试点应用。

12.2.2 某市某塘变通信并联电源改造方案

1. 项目背景

某塘变位于某市市区，于2017年投运，为某市城区的重要220kV变电站。

某塘变为某市城区调度数据网第二汇聚点，汇集城区110kV变电站调度信息；同时也是某市电力通信网的枢纽节点，不仅是核心层主环站点，也是核心层城区东支环、西支环的互联节点。

随着无线专网、保护专网、市到县OTN等工程的实施，220kV某塘变−48V电源容量需求将逐步增加，而现有一体化电源的存在容量低、无法直接监控、扩容困难等问题。

2. 工程概况

（1）项目现状。某市220kV某塘变配置有2台金宏威一体化电源。每套一体化电源配置有2×30A−48V整流模块。

在配网自动化工程中，某塘变配置 1 台灵达 DC—DC-2×40A 变换模块，输入端为 2 路直流-48V 电源。

某塘变-48V 电源现状见表 12-2。

表 12-2 某塘变-48V 电源现状

序号	通信电源品牌	通信电源型号	满配整流容量/A	现有模块数量/块	每个模块容量/A	当前配置容量/A	当前负载/A	电源投运时间
1	金宏威	GHD4830D-1	60	2	30	60	16.94	2017 年
2	金宏威	GHD4830D-1	60	2	30	60	12.47	2017 年
3	灵达	PRS2000	160	2	40	80	6	2018 年

某塘变-48V 负载现状见表 12-3。

表 12-3 某塘变-48V 负载现状

序号	设备类型	设备型号	供电方式
1	核心层 A 网城区主环设备	S385	一体化电源（金宏威）
2	核心层 B 网城区主环设备	OSN7500	一体化电源（金宏威）
3	核心层 A 网城区支环设备	OSN3500	一体化电源（金宏威）
4	核心层 B 网城区支环设备	OSN3500	一体化电源（金宏威）
5	调度交换 PCM	FA16	一体化电源（金宏威）
6	配网自动化 OLT 设备	MA5683T	灵达电源

（2）工程规模。本工程对某塘变现有-48V 电源系统进行改造。新增一套间接并联通信直流电源系统作为-48V 负载的第一路电源，原 2 路一体化电源作为-48V 负载的第二路电源。

3. 建设方案

（1）总体改造方案。新增并联电源系统一套，作为某塘变通信电源第一路输入，原 2 路一体化电源共同作为某塘变通信电源第二路输入。

某塘变-48V 直流系统示意图如图 12-7 所示。

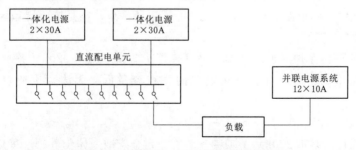

图 12-7 某塘变-48V 直流系统示意图

（2）容量需求。某塘变目前负载电流为 36.5A，负载为 4 台 SDH 设备，1 台 PCM 设备，1 台 OLT 设备。

在 220kV 线路保护通信网工程中，将新增保护专用 1 台 SDH 设备，预计 2020 年投运。

在无线专网二期工程中，将新增 1 台 BBU，预计 2020 年投运。

在某市核心层主环扩容工程中，将新增 1 台 2 方向 OTN 设备，预计 2021 年投运。

某塘变电源预计容量需求见表 12-4。

表 12-4 某塘变电源预计容量需求

序号	设 备 类 型	单套设备额定负载电流/A
1	现有负载	36.5
2	保护专网 SDH	10
3	无线专网 BBU	10
4	OTN 设备（含 2 个光子框）	30
	合计	86.5

（3）一体化电源系统改造方案。新增二进十出配电单元一个，分别从一体化电源 63A 空开端子取电。

2 路一体化电源总容量 $4 \times 30A$，$N-1$ 情况下 $90A > 86.5A$，满足电源管理规范"除满足系统正常满负载工作电流和蓄电池充电电流以外的系统冗余备份模块。冗余模块数量应不少于 3 块且符合 $N+1$ 原则"的要求。

（4）并联电源建设方案。

1）整流及蓄电池配置。本设计根据 110kV 及以下变电站并联型直流电源系统技术规范（送审稿）提供的计算方案计算模块数量、蓄电池容量及后备时间。

目前并联电源单模块整流容量为 10A，为满足 $N-1$ 情况下的负载要求，至少需要配置 10 个模块，即 $n_3 = 10$。

2）后备时间模块数量要求。根据 Q/GDW 11442—2020 "通信站蓄电池组供电后备时间不小于 4h，地处偏远的无人值班通信站应大于抢修人员携带必要工器具抵达通信站的时间且不小于 8h"的要求，本设计后备时间按 4h 计算。

并联电源组件总输出额定电流应大于事故持续负荷电流。

按变电站交流电源停电情况下，并联电源组件总额定电流满足事故 1min 后最大持续性负荷电流的要求，计算出并联电源组件数量 n_1。

$$n_1 = \frac{I_{sg}}{I_{dbl}} K_c = \frac{90}{10} \times 1.2 = 10.8 \text{（个）}$$

式中 I_{sg}——交流停电时，变电站事故 1min 后最大持续性负荷电流，A；

K_c——冗余系数（一般取 1.2）；

I_{dbl}——单个并联电源组件额定输出电流，A。

根据能量守恒定律，并联型直流电源系统蓄电池总能量应以满足事故情况下的放电时间计算出并联电源组件数量 n_2。

计算串联型蓄电池组额定总能量为

$$W_{cl}=U_{me}C_{cl}=48\times500=24000(VAh)$$

式中 W_{cl}——串联型蓄电池组额定总能量，VAh；

U_{me}——直流母线额定电压，V；

C_{cl}——串联型蓄电池额定容量，Ah，本例 C_{cl} 按 500Ah 取值。

单个并联电源组件总能量为

$$W_{dbl}=U_{dbl}C_{dbl}=12\times200=2400(VAh)$$

式中 W_{dbl}——单个并联电源组件额定总能量，VAh；

U_{dbl}——单个并联电源组件额定电压，V；

C_{dbl}——单个并联电源组件额定容量，Ah，本例 C_{dbl} 按 200Ah 取值。

根据能量守恒定律，考虑并联型电源变换模块工作效率，计算出并联电源组件数量 n_2 为

$$n_2=\frac{W_{cl}}{W_{dbl}\times\eta}=\frac{24000}{2400\times0.85}=11.76(个)$$

式中 W_{cl}——串联型蓄电池组额定总能量，VAh；

W_{dbl}——单个并联电源组件额定总能量，VAh；

η——单个并联型电源变换模块工作效率（一般按 0.85 取值）。

为满足 4h 后备时间，需要的模块/蓄电池数量 $N=\max\{n_1,n_2,n_3\}=12$ 组。

考虑远景扩容需求，本期配置 $12\times10A$，200Ah 电源系统一套，并预留 4 组模块/蓄电池的扩容空间。

并联电源系统接线原理图如图 12-8 所示。

3）输入空开及馈电开关配置。新增并联电源系统交流输入电源分别从 2 台一体化电源系统交流输出馈电柜 63A 开关取电，进线侧配置 32A 3P 断路器。

新增电源配置 6 个 63A 馈线空开，6 个 32A 馈线空开。

4）防雷器件。并联电源系统采取多级过电压防护，在整流设备入口处、整流设备出口处均配置了防雷模块。

5）电源监控。并联直流系统配置专用监控模块，监控信号采集后，通过协议转换装置及现有传输网络，上送至 PEMS 系统。

6）组柜及安装位置。本期并联电源系统组 2 面柜，分别配置 8 组、4 组整流模块/蓄电池组，并预留 4 组整流模块/蓄电池组安装位置。

本工程新增电源柜安装在二次机房空余柜位。

并联电源系统安装位置如图 12-9 所示。

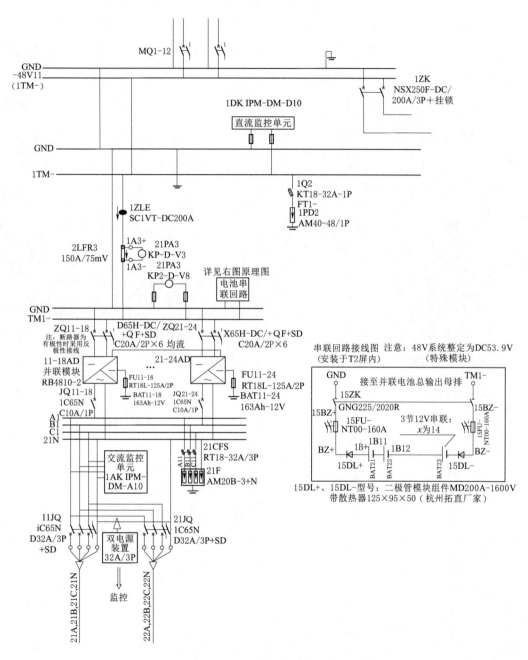

图 12-8 并联电源系统接线原理图

屏（柜）用途一览表

屏位号	设备名称	规格/（mm×mm×mm）	数量	备注
2	传输设备屏	宽×深×高=800×600×2260	1	
3	传输设备屏	宽×深×高=800×600×2260	1	
4	并联电源系统1	宽×深×高=800×600×2260	1	本期新增
5	并联电源系统2	宽×深×高=800×600×2260	1	本期新增
14	通信光纤设备屏二	宽×深×高=800×600×2260	1	
15	通信设备屏	宽×深×高=800×600×2260	1	
16	通信光纤设备屏	宽×深×高=800×600×2260	1	
17	通信综合配线屏	宽×深×高=800×600×2260	1	
30	通信电源屏Ⅱ	宽×深×高=800×600×2260	1	
31	通信电源屏Ⅰ	宽×深×高=800×600×2260	1	

图例：

☐ 现有其他屏（柜）位

☐ * 通信使用屏（柜）位

▨ 本期新增屏（柜）位

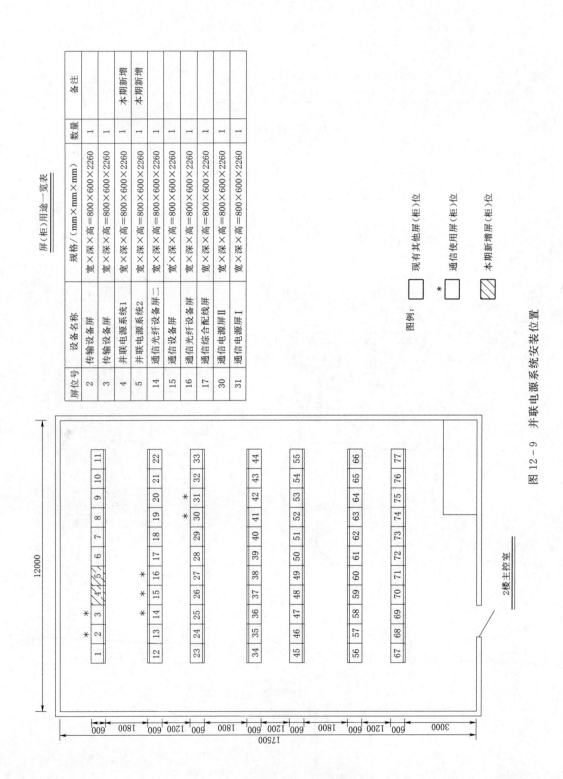

图 12 - 9 并联电源系统安装位置

附 录

附录1 通信电源名词解释

通信专用电源：主要为电力通信设备供电的电源系统，包括－48V高频开关电源系统，以及通信用UPS电源系统。

高频开关整流模块：采用功率半导体器件作为高频变换开关，经高频变压器隔离，组成将交流转变成直流的主电路，且采用输出自动反馈控制并设有保护环节的开关变换器。

在线式UPS：逆变器始终为负载提供所需电能，在交流停电时，实现零切换时间的UPS。

核对性放电：用规定的放电电流对蓄电池组进行恒流放电，以检验其实际容量。当其中的一个单体蓄电池放到了规定的终止电压，即停止放电。

接触电流：当人体或动物接触一个或多个装置的可触及零部件时，流过他们身体的电流。

浮充：指在市电正常时，整流器向负载供电的同时给蓄电池微小的补充电流，这种供电方式称为浮充，此过程整流器输出的电压称为浮充电压。

均充：为了使蓄电池储备足够的容量，根据需要提高浮充电压，使流入电池的补充电流增加，此时整流器输出的电压称为均充电压。

终止电压：当市电中断后，整流器停机，蓄电池单独向负载供电，蓄电池放电允许的最低值称为蓄电池的终止电压，也称截止电压。

MOV：防雷器，一般指金属氧化物压敏电阻类型的防雷器。

LVD：低压脱离。

LBRS：指整流模块休眠功能。

附录2 相 关 说 明

（1）通信电源运行技术标准、通信电源验收技术标准及要求、通信电源运行维护规程详见Q/GDW 11442—2020《通信电源技术、验收及运行维护规程》相关内容。

（2）通信电源交流切换及直流负载可靠性验证详见《国调中心关于印发通信电源交流切换和直流负载可靠性验证工作指导手册（试行）的通知》相关内容。

（3）通信电源运行方式和相关管理要求详见国家电网信通〔2018〕726号文《国家电网有限公司关于全面开展通信电源方式管理工作的通知》相关内容。

（4）通信电源集中监控管理详见调通〔2021〕6号文《国调中心关于推进通信电源监测系统省级集中建设工作的通知》相关内容。

参 考 文 献

[1] 中华人民共和国国家质量监督检验检疫总局，中国国家标准化管理委员会. 继电保护和安全自动装置技术规程：GB 14285—2006 [S]. 北京：中国标准出版社，2006.

[2] 中华人民共和国工业和信息化部. 通信局（站）电源系统总技术要求：YD/T 1051—2018 [S]. 北京：人民邮电出版社，2018.

[3] 中华人民共和国工业和信息化部. 通信局（站）电源系统维护技术要求 第3部分：直流系统：YD/T 1970.3—2010 [S]. 北京：人民邮电出版社，2018.

[4] 国家电网公司. 站用交直流一体化电源系统技术规范：Q/GDW 576—2010 [S]. 北京：中国电力出版社，2010.

[5] 中华人民共和国国家经济贸易委员会. 电力用高频开关整流模块：DL/T 781—2001 [S]. 北京：中国电力出版社，2001.

[6] 国家电网公司. 通信站运行管理规定：Q/GDW 1804—2012 [S]. 北京：中国电力出版社，2012.

[7] 国家能源局. 电力系统通信运行管理规程：DL/T 544—2012 [S]. 北京：中国电力出版社，2012.

[8] 中华人民共和国国家经济贸易委员会. 电力系统直流电源柜订货技术条件：DL/T 459—2000 [S]. 北京：中国电力出版社，2017.

[9] 国家电网有限公司. 通信电源技术、验收及运行维护规程：Q/GDW 11442—2020 [S]. 北京：中国电力出版社，2020.